热工基础理论与实务

孟祥德　杨海平　燕德全　著

吉林科学技术出版社

图书在版编目（CIP）数据

热工基础理论与实务/孟祥德，杨海平，燕德全著
. --长春：吉林科学技术出版社，2024.4
ISBN 978-7-5744-1265-1

Ⅰ.①热… Ⅱ.①孟…②杨…③燕… Ⅲ.①热工学
Ⅳ.①TK122

中国国家版本馆 CIP 数据核字 (2024) 第 079228 号

热工基础理论与实务

REGONG JICHU LILUN YU SHIWU

著	孟祥德　杨海平　燕德全
出 版 人	宛　霞
责任编辑	张　楠
幅面尺寸	185mm×260mm
开　　本	16
字　　数	310 千字
印　　张	13.25
印　　数	1-1500 册
版　　次	2024 年 4 月第 1 版
印　　次	2024 年 12 月第 1 次印刷

出　　版	吉林科学技术出版社
发　　行	吉林科学技术出版社
地　　址	长春市南关区福祉大路 5788 号出版大厦 A 座
邮　　编	130118
发行部电话/传真	0431-81629529　　81629530　　81629531
	81629532　　81629533　　81629534
储运部电话	0431-86059116
编辑部电话	0431-81629510
印　　刷	三河市嵩川印刷有限公司

书　　号	ISBN 978-7-5744-1265-1
定　　价	78.00 元

孟祥德，男，山东广饶人。1976 年生，研究生学历，高级工程师，从事多年城市供暖、供燃气行业研究和运营工作，组织编制了多个专业性规划和地方专业法规，发表《东营市天然气运营管理及对策研究》、《城市燃气行业改革几点问题的思考》等多个专业性文章。

※※※※※※※※※※※※※※※※※※※※※※※※

杨海平，男，山东莱州人。1973 年生，本科毕业于哈尔滨工业大学热能与动力工程专业，中国石油大学（华东）工业工程领域工程硕士，现任东营市鲁源热力有限公司党总支书记、执行董事、总经理、高级工程师，从事供热通风与空调工程专业工作。参与编写山东土木建筑学会标准《计量供热系统技术规程》，发表《基于 VC++ 的热量表故障排查系统》、《深寒期新建热网并网升温暖管方案探究》等相关专业文章多篇。

※※※※※※※※※※※※※※※※※※※※※※※※

燕德全，男，山东广饶人。1979 年生，本科毕业于山东建筑工程学院建筑环境与设备工程专业，中国石油大学（华东）动力工程领域工程硕士，东营市鲁源热力有限公司高级工程师，从事供热通风与空调工程专业工作。发表《燃煤锅炉的节能改造》、《建筑节能技术应用研究》、《锅炉安全问题浅析》等相关专业文章多篇。

前　言

本书在结构上遵循了将"热工基础"分为"工程热力学"和"传热学"两部分的做法。工程热力学部分讲述工程热力学的基本概念，热力学定律和第二定律，气体、蒸汽和湿空气的性质，气体的热力过程，热功转换设备和装置的热力分析及热能合理利用等内容；传热学部分讨论传热学的基本机理，以吸导热对流换热、辐射换热的基本规律，传热过程及其强化和削弱，换热器的基本热计算等内容。本书有利于培养读者的工程意识，提高理论联系实际、分析解决实际问题的能力。

本书在编写过程中，各位编者付出了巨大努力，但由于编写经验不足，加之时间仓促，不足之处恐在所难免，希望诸位同道不吝批评指正，以期再版时予以改进、提高，使之逐步完善。

目　录

第一篇　工程热力学

第二篇　传热学

第一篇　工程热力学

第一章　热力学第一定律

第一节　第一定律闭口与开口系统能量方程

一、第一定律闭口系统能量方程

(一)闭口系统能量方程

热力学第一定律解析式是热力系统在状态变化过程中的能量平衡方程式,也是分析热力系统状态变化过程的基本方程式。由于不同的系统能量交换的形式不同,所以能量方程有不同的表达形式,但它们的实质是一样的。

闭口系统与外界没有物质的交换,只有热量和功量交换。如图 1-1-1 所示,取气缸内的工质为系统,在热力过程中,系统从外界热源吸取热量 Q,对外界作体积变化功(膨胀功) W。根据热力学第一定律,系统总储存能的变化应等于进入系统的能量与离开系统的能量之差,即

$$E_2 - E_1 = Q - W$$

式中　　E_1——系统初状态的储存能;

　　　　E_2——系统终状态的储存能。

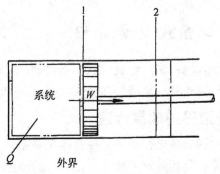

图 1-1-1　闭口系统的能量转换

对于闭口系统涉及的许多热力过程而言,系统储存能中的宏观动能 E_k 和重力位能 E_p 均不发生变化,因此,热力过程中系统储存能的变化等于系统内能的变化,即

$$E_2 - E_1 = U_2 - U_1 = \Delta U$$

故　　　　　　　　　　　　　　　　$\Delta U = Q - W$

或　　　　　　　　　　　　　　　　$Q = \Delta U + W$　　　　　　　　　　(1-1-1)

对于 1kg 工质

$$q = \Delta u + w \qquad (1-1-2)$$

对于微元热力过程

$$\delta q = du + \delta w \qquad (1-1-3)$$

以上各式均为闭口系统能量方程。它表明,加给系统一定的热量,一部分用于改变系统的内能,一部分用于对外作膨胀功。闭口系统能量方程反应了热功转换的实质,是热力学第一定律的基本方程。虽然该方程是由闭口系统推导而得,但因热量、内能和体积变化功三者之间的关系不受过程性质限制(可逆或不可逆),所以它同样适用于开口系统。

(二)内能的计算

根据闭口系统能量方程 $\qquad \delta q = du + \delta w$

对于定容过程,$\delta w_v = 0$,$\delta q_v = cvdT$,则闭口系统能量方程为

$$\delta q_v = du_v$$

故 $\qquad\qquad du_v = \delta q_v = c_v dT$

对于理想气体,由于内能是温度的单值函数,故

$$du = c_v dT \qquad (1-1-4)$$

对于有限过程 1-2

$$\Delta u = \int_{T_1}^{T_2} c_v dT$$

若取定值比热容,则

$$\Delta u = c_v (T_2 - T_1) \qquad (1-1-5)$$

虽然式(1-1-4)、式(1-1-5)是通过定容过程推导得出的,但由于理想气体的内能仅是温度 T 的单值函数,所以只要过程中温度的变化相同,内能的变化也就相同。因此,以上两式适用于理想气体的一切过程。

二、第一定律开口系统能量方程

热能工程中将会遇到许多设备,如汽轮机、锅炉、换热器、空调机等,由于它们在工作过程中都有工质的流入和流出,均属于开口系统,所以开口系统具有很重要的实用意义。

(一)通过开口系统边界的能量传递

对于开口系统,通常选取控制体进行研究。控制体是在空间中用假想的界面而包围的一定的空间体积,通过它的边界有物质的流入和流出,也有能量的流入和流出。开口系统与外界传递能量有以下特点:

(1)所传递能量的形式(热量和功)虽然与闭口系统相同,但由于所选取的控制体界面是固定的,所以开口系统与外界交换的功形式不是体积变化功而是轴功。

(2)由于有物质流入和流出界面,系统与外界之间又产生两种另外的能量传递方式。

①流动工质本身所具有的储存能将随工质流入或流出控制体而带入或带出控制体。这种能量转移既不是热量,也不是功,而是系统与外界间直接的能量交换。

$$E = U + \frac{1}{2}mc^2 + mgz$$

或

$$e = u + \frac{1}{2}c^2 + gz$$

②当工质流入和流出控制体界面时,后面的流体推开前面的流体而前进,这样后面的流体必须对前面的流体作功,从而系统与外界就会发生功量交换,这种功称为推动功或流动功。

如图 1-1-2 所示,设有质量为 m、体积为 V 的工质将要进入控制体。若控制体界面处工质的压力为 p、比体积为 v、流动截面积为 A。工质克服来自前方的抵抗力,移动距离 s 而进入控制体。这样工质对系统所作的流动功为

$$W_f = F_s = pAs = pV$$

或

$$w_f = \frac{w_f}{m} = pv \tag{1-1-6}$$

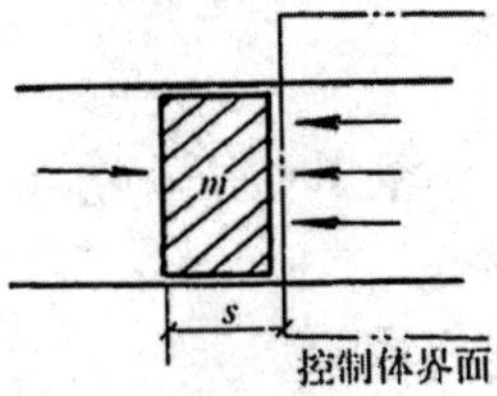

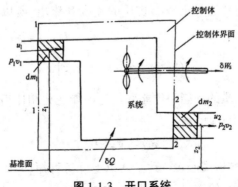

图 1-1-2　流动功

由上式可知,流动功的大小由工质的状态参数所决定。推动 1kg 工质进入控制体内所需要的流动功可以按照入口界面处的状态参数 $p_1 v_1$ 来计算;推动 1kg 工质离开控制体所需要的流动功可以按照出口界面处的状态参数 $p_2 v_2$ 来计算。则 1kg 工质流入和流出控制体的净流动功为

$$\Delta w_f = p_2 v_2 - p_1 v_1 \tag{1-1-7}$$

流动功是一种特殊的功,其数值取决于控制体进、出口界而上工质的热力状态。

(二)开口系统能量方程

图 1-1-3 所示为一个典型的开口系统,取双点划线内空间为控制体来进行分析。通过控制体的界面有热量和功量(轴功)的交换,还有物质的交换。同时,由于物质的交换,又引起了控制体与外界之间能量的直接交换和流动功的交换。

图 1-1-3　开口系统

系统经历某一热力过程时，由于系统与外界的质量交换和能量交换并非都是恒定的，有时是随时间发生变化的，所以控制体内既有能量的变化，也有质量的变化，一般来说能量变化往往是因质量变化而引起的。因此，在分析时，必须把控制体内的质量变化和能量变化同时考虑。根据质量守恒原理，控制体内质量的增减必等于进、出控制体的质量的差值，即

进入控制体的质量−离开控制体的质量＝控制体内质量的变化

根据能量守恒原理，控制体内能量的增减必等于进、出控制体的能量的差值，即

进入控制体的能量−离开控制体的能量＝控制体内能量的变化

设控制体在某一瞬时进行了一个微元热力过程。在这段时间内，有 dm_1 和 dm_2 的工质分别流入和流出控制体，伴随单位质量的工质分别有能量 e_1 和 e_2 流入和流出控制体；同时还有微元热量 δQ 进入控制体，有微元轴功 δW_s 传出控制体，以及伴随单位质量的工质分别有流动功 p_1v_1 和 p_2v_2 流入和流出控制体。则可以写出

$$dm_1 - dm_2 = dm_{sys} \tag{1-1-8}$$

式中　　m_{sys}——控制体内的质量。

$$dm_1e_1 + dm_1P_1v_1 + \delta Q - dm_2e_2 - dm_2p_2v_2 - \delta W = d(me)_{sys} \tag{1-1-9}$$

式中　　$(me)_{sys}$——控制体内的能量。

整理后可得

$$dm_1\left(u_1 + p_1v_1 + \frac{c_1^2}{2} + gz_1\right) - dm_2\left(u_2 + p_2v_2 + \frac{c_2^2}{2} + gz_2\right) + \delta Q - \delta W_s = d\left[m\left(u + \frac{c^2}{2} + gz\right)\right]_{sys} \tag{1-1-10}$$

令

$$h = u + pv \tag{1-1-11}$$

由于 u、p 和 v 都是状态参数，所以 h 必定也是状态参数，称其为质量焓，也可称为比焓，单位为 kJ/kg。对于质量为 $m$kg 工质的焓，用符号 H 表示，单位为 kJ。

$$H = mh = U + pV \tag{1-1-12}$$

由此，式(1-1-10)可以写成

$$dm_1\left(h_1 + \frac{c_1^2}{2} + gz_1\right) - dm_2\left(h_2 + \frac{c_2^2}{2} + gz_2\right) + \delta Q - \delta W_s = d\left[m\left(u + \frac{c^2}{2} + gz\right)\right]_{sys} \tag{1-1-13}$$

式(1-1-10)、式(1-1-13)均为开口系统能量方程。由于它是在最普遍情况下得出的，所以对于稳定与不稳定流动、可逆与不可逆过程、开口系统与闭口系统都适用。

对于闭口系统，由于系统边界上没有物质的流入和流出，所以 $dm_1 = dm_2 = dm_{sys} = 0$，则式(1-1-13)可简化为

$$\delta Q - \delta W_s = md\left(u + \frac{c^2}{2} + gz\right)_{sys}$$

在闭口系统中，由于工质的动能和位能变化与内能变化相比很小，可以忽略，且闭口系统与外界交换的功量为体积变化功，故

$$\delta Q - \delta W = dU_{sys}$$

上式与闭口系统能量方程式形式一致。从以上分析可知，开口系统能量方程与闭口系统能量方程虽然表达形式不同，但实质是相同的。

（三）焓的物理意义及计算

在开口系统中，焓是内能和流动功之和，也表示工质在流动中所携带的由热力状态决定的那一部分能量。若工质的动能和位能可以忽略，则随工质流入和流出系统的总能量就是焓。在闭口系统中，由于没有工质流入或流出，pv 不再是流动功，所以焓只是一个复合状态参数，是由内能、压力和比体积经过一定数学运算得到的一个新的状态参数。

对于理想气体，由于 $u=f(T)$ 及 $pv=RT$，故

$$h=u+pv=f(T)+RT=f'(T)$$

由上式可知，理想气体的焓和内能一样，也仅是温度的单值函数。

根据闭口系统能量方程
$$\delta q=du+\delta w$$

由于 $\delta w=pdv$，故

$$\delta q=du+pdv$$

对于定压过程，$dp=0$ 或 $vdp=0$，则闭口系统能量方程可写为

$$\delta q_p=du+pdv+vdp=d(u+pv)_p=dh_p$$

由于 $\delta q_p=c_p dT$，故

$$dh_p=c_p dT$$

对于理想气体，由于焓是温度的单值函数，故

$$dh=c_p dT \qquad (1-1-14)$$

对于有限过程 1-2

$$\Delta h=\int_{T_1}^{T_2} c_p dT$$

若取定值比热容，则

$$\Delta h=c_p(T_2-T_1) \qquad (1-1-15)$$

虽然式(1-1-14)、式(1-1-15)是通过定压过程导出的，但由于理想气体的焓是温度的单值函数，所以只要过程中温度的变化相同，焓的变化也就相同。因此，以上两式适用于理想气体的一切过程。

在研究热能与机械能相互转换或热能转移的过程中，需要确定的是焓或内能在过程中的变化量 Δh 或 Δu，并不注重在某状态下焓或内能的实际值。为此，在热工计算中常常取某状态为基准状态（如 0K、0℃或纯水的三相点温度 0.01℃等），令该状态下的焓或内能的值为零，而其余状态下的焓或内能，则是相应于各自基准状态下的焓或内能的差值而已。

第二节　稳定流动系统能量方程及应用

一、稳定流动系统的能量方程

（一）稳定流动系统

在实际的热力工程和热工设备中，工质要不断地流入和流出，热力系是一个开口系统（开

口系)。在正常运行工况或设计工况下,所研究的开口系是稳定流动系统。所谓稳定流动系统是指热力系统内各点状态参数不随时间变化的流动系统。为实现稳定流动,必须满足以下条件:

(1)进出系统的工质流量相等且不随时间而变。

(2)系统进出口工质的状态不随时间而变。

(3)系统与外界交换的功和热量等所有能量不随时间而变。

(二)流动功

稳定流动系统是一个开口系,对于任何开口系而言,为使工质流入系统,外界必须对流入系统的工质做功。考察如图1-2-1所示的开口系,取虚线所围空间为控制容积 CV,其进口截面为1-1,压力为 P_1,出口截面为2-2,压力为 p_2。为把体积为 V_1、质量为 m_1 的流体 I 推入系统,外界必须做功以克服系统内阻力,此功称为推动功(推挤功)。把流体 I 后面的流体想象为一活塞,其面积为 A_1(即进口流道截面积),若把 I 推入系统移动距离为 l_1,则外界(流体 I 后面的流体)克服系统内阻力所做的推动功为

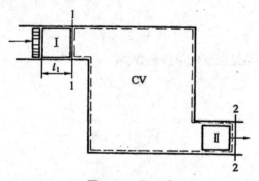

图 1-2-1 开口系

$$W_{push1} = (p_1 A_1) l_1 = p_1 (A_1 l_1) = p_1 V_1$$

对系统而言,工质流入系统是外界对系统做功,按前述约定其值为负,故

$$W_{push1} = -p_1 V_1 \qquad (1\text{-}2\text{-}1a)$$

同理,若有质量为 m_2,体积为 V_2 的流体 II 流出系统,则系统需对外界做功

$$W_{push2} = p_2 V_2 \qquad (1\text{-}2\text{-}1b)$$

对于同时有工质流入和流出的开口系而言,使工质流入和流出系统所做的推动功的代数和称为流动功 W_f,显然它是维持工质流动所必需的功。

$$W_f = W_{push1} + W_{push2} = -pV_1 + p_2 V_2$$

$$W_f = \Delta(pV) \qquad (1\text{-}2\text{-}2a)$$

对于流入流出系统的单位质量工质而言,其相应的比流动功为

$$W_f = \Delta(pv) \qquad (1\text{-}2\text{-}2b)$$

(三)稳定流动系统的能量方程

如图1-2-2所示的热力系是一稳定流动系统(虚线所围)。在 τ 时间内系统与外界交换的热量为 Q,同时有 $m_1(kg)$ 的工质流入系统,$m_2(kg)$ 的工质流出系统,由前述实现稳定流动的条

件(1)得

$$m_1 = m_2 = m = \int_\tau \delta m$$

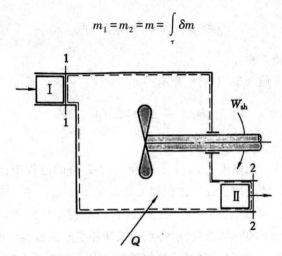

图 1-2-2　稳定流动系统

若流入和流出系统工质的比储存能分别为 e_1 和 e_2，由前述实现稳定流动的条件(2)知，它们均为常数，从而

$$\int_\tau (e_2 \delta m_2 - e_1 \delta m_1) = \int_\tau (e_2 - e_1) \delta m$$

$$= (e_2 - e_1) \int_\tau \delta m$$

$$= (e_2 - e_1) m = E_2 - E_1$$

$$= \left(U_2 + \frac{1}{2} m c_2^2 + mgz_2\right) - \left(U_1 + \frac{1}{2} m c_1^2 + mgz_1\right)$$

在 τ 时间内，系统与外界交换的功量除维持工质流动的流动功外，还有通过机器的旋转轴与外界交换的轴功 W_{sh}。例如，在汽轮机中，蒸汽冲击叶片使叶轮旋转对外输出轴功；在叶轮式压气机中，电动机（或其他动力机）带动叶轮轴旋转，使气体流速增大，然后经扩压管使其压力升高。因此，系统与外界交换的总功为

$$W_{tot} = W_{sh} + W_f = W_{sh} + \Delta(pV)$$

另外，由于稳定流动系统内各点参数不随时间发生变化，故作为状态参数的系统总能量变化恒为零，即

$$\Delta E_{sy} = 0$$

根据上述分析和热力学第一定律的一般表达式，有

$$Q = \Delta E_{sy} + \int_\tau (e_2 \delta m_2 - e_1 \delta m_1) + W_{tot}$$

$$= 0 + (E_2 - E_1) + W_{sh} + W_f$$

$$= \left(U_2 + \frac{1}{2} m c_2^2 + mgz_2\right) - \left(U_1 + \frac{1}{2} m c_1^2 + mgz_1\right) + W_{sh} + \Delta(pV)$$

$$= (U_2 + p_2 V_2) - (U_1 + p_1 V_1) + \frac{1}{2} m(c_2^2 - c_1^2) + mg(z_2 - z_1) + W_{sh}$$

令 $H = U + pV$，称为焓，则上式为

$$Q = \Delta H + \frac{1}{2} m \Delta c^2 + mg\Delta z + W_{sh} \qquad (1\text{-}2\text{-}3)$$

此即稳定流动系统的能量方程。

若流入流出系统的工质为单位质量，则有

$$q = \Delta h + \frac{1}{2} \Delta c^2 + g\Delta z + w_{sh} \qquad (1\text{-}2\text{-}4)$$

式中，h 为比焓，$h = H/m$。

在推导稳定流动系统的能量方程式（1-2-3）和式（1-2-4）的过程中，除要求系统是稳定流动外，没有任何附加条件，故适用于任何过程和工质。

在式（1-2-3）和式（1-2-4）中，除功量和热量外，其余均为工质的进出口参数。前已述及，稳定流动系统内各点参数不随时间而变，但各点参数却随空间位置连续地从进口变化到出口。若以一定量工质为研究对象（控制质量系统），则这种变化可以视为一定量工质从进口到出口与外界交换功量、热量而引起的。于是式（1-2-3）和式（1-2-4）可以理解为一定量工质稳定流经控制容积系统，与外界进行能量交换和本身状态变化所必须遵循的能量方程，即控制质量系统的能量方程。

对于微元过程，式（1-2-3）和式（1-2-4）可写为

$$\delta Q = dH + \frac{1}{2} mdc^2 + mgdz + \delta W_{sh} \qquad (1\text{-}2\text{-}3\text{a})$$

$$\delta q = dh + \frac{1}{2} dc^2 + gdz + \delta w_{sh} \qquad (1\text{-}2\text{-}4\text{a})$$

（四）技术功

分析式（1-2-3）的后三项可知，前两项是工质的宏观动能和宏观位能的变化，属机械能；W_{sh} 是轴功，也是机械能。它们均是技术上可资利用的能量，称之为技术功，用 W_t 表示为

$$W_t = \frac{1}{2} m \Delta c^2 + mg\Delta z + W_{sh} \qquad (1\text{-}2\text{-}5)$$

于是，式（1-2-3）可写为

$$Q = \Delta H + W_t \qquad (1\text{-}2\text{-}6)$$

对于单位质量工质相应有

$$q = \Delta h + w_t \qquad (1\text{-}2\text{-}7)$$

将式（1-2-6）进行变换

$$Q = \Delta U + \Delta(pV) + W_t$$

则

$$Q - \Delta U = \Delta(pV) + W_t$$

根据控制质量的能量方程式

$$Q - \Delta U = W$$

则有

$$W = \Delta(pV) + W_t = W_f + W_t \qquad (1\text{-}2\text{-}8)$$

由式（1-2-8）可知，维持工质流动的流动功和技术上可资利用的技术功，均是由热能转换所得

工质的体积变化功(膨胀功)转化而来的。或者说,技术功是由热能转换所得的体积变化功扣除流动功后得到的。

对于可逆过程
$$W = \int_1^2 p\mathrm{d}V$$

代入式(1-2-8)得

$$W_t = W - \Delta(pV) = \int_1^2 p\mathrm{d}V - \int_1^2 \mathrm{d}(pV)$$

$$= \int_1^2 p\mathrm{d}V - (\int_1^2 p\mathrm{d}V + \int_1^2 V\mathrm{d}p)$$

故
$$W_t = -\int_1^2 V\mathrm{d}p \tag{1-2-9a}$$

对于单位质量工质

$$w_t = -\int_1^2 v\mathrm{d}p \tag{1-2-9b}$$

在图 1-2-3 所示的 $p\text{-}v$ 图上,可逆过程 1-2 的技术功 $-\int_1^2 v\mathrm{d}p$ 可用过程线左边的面积 12341 表示。

对于可逆的稳定流动过程,能量方程可表示为

$$Q = \Delta H - \int_1^2 V\mathrm{d}p \tag{1-2-6a}$$

$$q = \Delta h - \int_1^2 v\mathrm{d}p \tag{1-2-7a}$$

(五)焓

在稳定流动系统的能量方程式(1-2-3)的推导中,定义了一个新的物理量——焓。

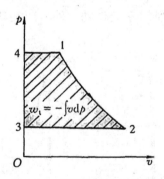

图 1-2-3　可逆过程的技术功

$$H = U + pV \tag{1-2-10a}$$

根据状态参数的性质可以证明,由状态参数 U、p、V 组成的复合参数 H 也是一个状态参数。它是具有能量量纲的广延量。比焓

$$h = \frac{H}{m} = u + pv \tag{1-2-10b}$$

是由广延量转换得到的强度量。

在开口系中,对于流入(或流出)系统的工质而言,U 是工质的热力学能,pV 是工质迁移引

起的系统与外界交换的推动功,并通过工质的流入(或流出)将此能量带入(或带出)系统。因此,只要有工质流入(或流出)系统,工质的热力学能 U 和能量 pV 必然结合在一起流入(或流出)系统。因此可以说,焓是开口系中流入(或流出)系统工质所携带的取决于热力学状态的总能量。

二、能量方程的应用

热力学第一定律是能量传递和转换所必须遵循的基本定律。闭口系的能量方程反映了热能和机械能相互转换的基本原理和关系;稳定流动系统的能量方程虽然与闭口系的形式不同,但其本质并没有变化。应用它们可以解决工程中的能量传递和转换问题。在分.析具体问题时,对于不同的热力设备和热力过程,应根据具体问题的不同条件作出合理简化,得到更加简单明了的方程。在实际工程中,多数热力设备、装置是开口的稳定流动系统,因此,稳定流动的能量方程应用得较多。下面以几种典型的热力设备为例进行分析和说明。

(一)叶轮式机械

叶轮式机械包括叶轮式动力机和叶轮式耗功机械。叶轮式动力机有汽轮机和燃气轮机等,如图 1-2-4 所示。在工质流经叶轮式动力机时,压力降低,体积膨胀,对外做功。通常进出口的动能差、位能差以及系统向外散失的热量均可忽略不计,于是稳定流动系统的能量方程式(1-2-4)可简化为

$$W_{sh} = h_1 - h_2$$

上式说明叶轮式动力机对外所做的轴功来源于工质从动力机进口到出口的焓降。

对于如图 1-2-5 所示的叶轮式耗功机械,如叶轮式压气机、水泵等,同理可得

$$W_{sh} = -(h_2 - h_1)$$

叶轮式耗功机械是外界通过旋转轴对系统做功。外界所消耗的功用于增加工质的焓,故有 $h_1 < h_2$,系统所做的轴功为负值。

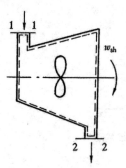

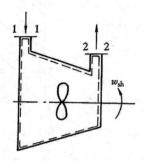

图 1-2-4 叶轮式动力机   图 1-2-5 叶轮式耗功机械

(二)热交换器

热力工程中的锅炉、回热加热器、冷油器和冷凝器等均属热交换器,即换热器。取如图 1-2-6 所示换热器工质流经的空间为热力系(虚线所围),工质在换热器中被加热或冷却,与外界有热量交换而无功量交换,忽略进出口工质的宏观动能差与位能差,对于稳定流动,根据式(1-

2-3)则有

$$Q = \Delta H = H_2 - H_1$$

说明冷流体在换热器中吸收的热量等于其焓的增加;相反,热流体放出的热量等于其焓的减少。

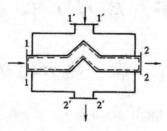

图 1-2-6　热交换器

(三)(绝热)节流

阀门、流量孔板等是工程中常用的设备。工质流经这些设备时,流体通过的截面突然缩小(图 1-2-7),称为节流。在节流过程中,工质与外界交换的热量可以忽略不计,故节流又称绝热节流。

节流中缩孔附近的工质由于摩擦和涡流,流动不但是不可逆过程,且状态不稳定,处于非平衡状态。为了能应用稳定流动系统的能量方程进行分析,进出口截面必须取在离节流孔一定距离的稳定状态处,如图 1-2-7 所示。节流过程是绝热节流,进出口工质的动能差与位能差可忽略不计,工质在节流过程中与外界无功量交换,因此,稳定流动系统的能量方程式(1-2-4)可简化为

$$\Delta h = 0 \quad 或 \quad h_2 = h_1$$

说明节流前后工质的焓相等。

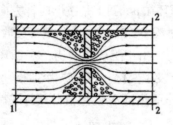

图 1-2-7　节流过程

第二章 热力学第二定律

第一节 热力循环

通过工质的膨胀过程可以将热能转变为机械能。然而任何一个膨胀过程都不可能无限制地进行下去,要使工质连续不断地作功,就必须使膨胀后的工质回复到初始状态,如此反复循环。

工质经历一系列状态变化又重新回复到原来状态的全部过程称为热力循环,或简称为循环。若组成循环的全部过程均为可逆过程,则该循环为可逆循环;否则,为不可逆循环。根据热力循环所产生的效果不同,可将其分为动力循环和制冷循环。

一、动力循环

使热能转变为机械能的循环称为动力循环。一切热力发动机所进行的循环都是动力循环。

设 1kg 工质在气缸中进行一个动力循环 12341,如图 2-1-1a 所示。过程 1-2-3 表示膨胀过程所作的膨胀功,在 $p\text{-}v$ 图上以面积 123561 表示;过程 3-4-1 为压缩过程,所消耗的压缩功在 $p\text{-}v$ 图上以面积 341653 表示。正循环所做的净功 w_0 为膨胀功与压缩功之差,即循环所包围的面积 12341(正值)。这一热力循环在 $p\text{-}v$ 图上是按顺时针方向进行的,因此,也称为正循环。

对于正循环 12341,在膨胀过程 1-2-3 中,工质从热源吸收热量 q_1;在压缩过程 3-4-1 中,工质向冷源放出热量 q_2(取绝对值)。由于工质在经历一个循环后回到初态,其状态没有变化,所以其内部所具有的能量也没有发生变化。根据热力学第一定律可知,在循环过程中,工质从热源吸收的热量 q_1 与向冷源放出的热量 q_2 的差值必然等于循环所得到的净功 w_0,即

$$q_1 - q_2 = w_0$$

无数热机实践表明,在正循环中,工质从热源得到的热量不能全部转变为机械功,所获得的机械功与所付出的热量的比值称为热效率,用符号 η_t 表示。其定义式为

$$\eta_t = \frac{w_0}{q_1} = \frac{q_1 - q_2}{q_1} = 1 - \frac{q_2}{q_1} \tag{2-1-1}$$

热效率反映了热能转变为机械能的程度。热效率越大,热能转变为机械能的百分数越大,循环的经济性就越好。由于向冷源的放热量 $q_2 \neq 0$,所以热效率 η_t 总是小于 1 的,即在动力循环中,热能不可能全部变为机械能。

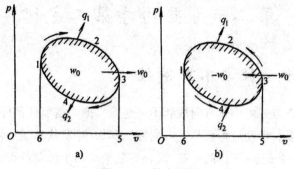

图 2-1-1 热力循环

二、逆循环

消耗机械能，使热量从低温物体传向高温物体的循环称为制冷循环。一切制冷装置进行的循环都是制冷循环。

由于制冷循环要消耗机械能，所以其循环净功 $w_0 < 0$。在状态图上，制冷循环必然按逆时针方向进行，因此，又称为逆循环。

设 1kg 工质在气缸中进行一个制冷循环 14321，如图 2-1-1b 所示。在循环过程中，若消耗净功 w_0（取绝对值），工质从冷源吸收热量 q_2，向热源放出热量 q_1（取绝对值），则

$$q_1 - q_2 = w_0$$

制冷循环可以达到两种目的：一种是制冷，即从冷源提取冷量；另一种是供热，即向热源供给热量。通常用性能系数来衡量制冷循环的经济性，性能系数是所获得的收益与所花费的代价之比。制冷量与消耗净功之比称为制冷系数，用符号 ε_1 表示。其定义式为

$$\varepsilon_1 = \frac{q_2}{w_0} = \frac{q_2}{q_1 - q_2} \tag{2-1-2}$$

供热量与消耗净功之比称为供热系数，用符号 ε_2 表示。其定义式为

$$\varepsilon_2 = \frac{q_1}{w_0} = \frac{q_1}{q_1 - q_2} \tag{2-1-3}$$

制冷系数与供热系数之间存在下列关系

$$\varepsilon_2 = 1 + \varepsilon_1 \tag{2-1-4}$$

对于制冷循环来说，无论是用于制冷还是供热，性能系数越大，循环的经济性越好。制冷系数 ε_1 可能大于、等于或小于 1，而供热系数总是大于 1。

由于在式(2-1-1)、式(2-1-2)、式(2-1-3)的推导过程中，只用到了热力学第一定律，而热力学第一定律是普遍适用的，所以式(2-1-1)、式(2-1-2)、式(2-1-3)适用于任何可逆循环与不可逆循环。

第二节　热力学第二定律

一、过程的方向性与不可逆性

自然界中的一切热力过程均有方向性和不可逆性。把不需要任何外界作用而可以自动进行的过程称为自发过程。自发过程都具有方向性。例如,热量从高温物体传递给低温物体;水从高处流向低处;功转变成热;气体的扩散、混合等现象均属于自发过程。反之,那些不能无条件进行的过程称为非自发过程。它是自发过程的逆过程,它的进行需要一定的条件,付出一定的代价。例如,热量由低温传向高温需要消耗功等。可见,自发过程是不可逆过程。

二、热力学第二定律的实质和表述

热力学第二定律指出了能量在传递和转换过程中有关传递方向、转化的条件和限度等问题。

自然界中有关的热现象很多,针对不同的热现象热力学第二定律有不同的表述,但其实质是一样的,这里只介绍两种经典说法。

1.克劳修斯(Clausius)表述

不可能把热量从低温物体传向高温物体而不引起其他变化。

这种说法指出了传热过程的方向性,是从热量传递过程来表达热力学第二定律的。它说明,热量从低温物体传至高温物体是一个非自发过程,要使之实现,必须花费一定的代价,即需要通过制冷机或热泵装置消耗能量进行补偿来实现。

2.开尔文-普朗克(Kelvin-Plank)表述

不可能从单一热源取热,并使之完全转变为功而不产生其他影响。

这种说法是从热功转换过程来表述热力学第二定律的。它说明,从热源取得的热量不能全部变成机械能,因为这是非自发过程。但若伴随以自发过程作为补偿,那么热能变成机械能的过程就能实现。

人们把从单一热源取热并使之完全转变为功的热机称为"第二类永动机"。如果这样的热机存在,就可以无偿地利用大气环境和海洋中的能量转变为功而永不停息,这显然是不可能的,它没有违反热力学第一定律,没有创造能量,转变过程符合能量守恒,但它违反了热力学第二定律的开尔文-普郎克表述。

热力学第二定律说明,用于热功转换的热机至少要有高温、低温两个热源(即要有温度差)。为此,热力学第二定律也可以表述为"第二类永动机不可能实现"。

应注意:不能将热力学第二定律简单理解为"功完全可以转变为热,而热不能完全转变为功"。在热转变为功的过程中,热量由高温物体传给低温物体是它的补偿条件。但是,补偿条件并不是唯一的,在等温膨胀过程中,气体工质所吸收的热量完全转变为功,这里热转变为功的补偿条件是气体的压力降低,比体积增大。而气体变化的这种过程也是一个自发过程。所以并非热不能完全转变为功,而是在不发生其他变化的前提下,热不能完全转变为功。

上述两种说法是根据不同类型的过程所作出的特殊表述,热力学第二定律还有很多不同的说法,但实质上是完全等效的,都是说明能量的传递和转换过程是有方向性的。非自发过程必须在一定条件下才能进行。因此,如果其中一种说法不成立,则必然导致另一种说法也不成立。可以通过实例来进行说明:一个热机工作在高温热源和低温热源之间,它从高温热源吸收热量 Q_1,将其中的一部分转变为功 W_0,剩余的热量 $Q_2=Q_1-W_0$ 排向低温热源。如果可以把热量从低温物体传向高温物体而不引起其他变化(违反第一种说法),则 Q_2 可以自动地不付代价地回到高温热源。整个热力系运行的结果是高温热源放出热量 Q_1-Q_2,并全部转变为功 W_0,低温热源则没有改变。在实质上,这就等于从单一热源取热,并使之完全转变为功而不产生其他影响,这就违反了第二种说法。

能量不仅具有数量,而且还有品质上的区别,热功转换过程以及传热过程的方向性,反映了不同的能量有着质的区别。能量品质的高低,体现在它的转换能力上。机械能和电能可以不付代价地完全转变为热能,而热能却不能无偿地转变为机械能或电能。这说明机械能和电能的转换能力大于热能。也就是说,它们是一些更有价值的品质较高的能量形式(通常将机械能和电能称为高级能,热能称为低级能)。当机械能或电能转变为热能时,能量的数值并没有变化,但能的品质下降了,或者说能量贬值了。此外,即使同为热能,当它们储存的热源温度不同时,它们的品质也是不同的。储存于高温水平热源的热能品质较高。当热由高温物体自动地传向低温物体时,同样也使能的品质下降了。

热力学第二定律的实质是能量贬值原理,即在能量的传递和转换过程中,能量的品质只能降低不能增高。它是一个非守恒定律。

第三节　卡诺循环与逆卡诺循环

要使能量转变连续的进行,工质必然要经过一个循环。例如:热变功的唯一途径是通过工质的膨胀,当工质膨胀到一定程度(与外界平衡或受到设备尺寸的限制),则不宜再膨胀做功。要使热能连续转变为机械能,必须使膨胀后的工质压缩回原状,使其重新具有膨胀做功的能力。也就是工质要经过一个循环。根据循环的性质可分为可逆循环和不可逆循环。全部由可逆过程组成的循环为可逆循环。组成循环中有不可逆过程则为不可逆循环。可逆循环在状态参数坐标图上为一封闭曲线。根据循环的效果,可分为正向循环和逆向循环。

一、正循环与卡诺循环

1.正循环

工程上将热能转变为机械能的装置称为热机。通过循环将热能转变为机械能,则这种循环称为正循环,也称为热机循环。

图 2-3-1(c)中工质在等温下向温度为 T_L 低温热源放热,在 $T\text{-}s$ 图上为 2-3 过程线,单位质量工质放出的热量

$$q_2 = 面积\ 43S_bS_a4 = T_L\Delta S$$

图 2-3-1(d)中工质由温度为 T_L 经绝热压缩升为 T_H，对应 $T\text{-}s$ 图上为 4-1 过程线。

卡诺循环的热效率记为 η_{tc} 为

$$\eta_{tc} = 1 - \frac{|q_2|}{q_1} = 1 - \frac{T_L \Delta S}{T_H \Delta S} = 1 - \frac{T_L}{T_H} \tag{2-3-1}$$

从卡诺循环热效率公式可得到如下结论。

(1)公式的推导并没有限定什么工质,所以卡诺循环的热效率与工质的性质无关,只与高温热源及低温热源的温度有关。即影响热效率最本质的因素是热源的温度。因此,要提高热机循环的热效率可提高 T_H,和降低 T_L。

(2)卡诺循环的热效率只能小于 1 大于 0。

当卡诺循环的热效率为 1,则 $T_L = 0$ 或 $T_H = \infty$ 这是不可能的,因此,最完善的热机也不可能将从热源吸收的热量全部转变为循环功。

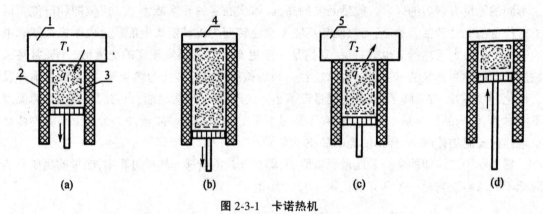

图 2-3-1　卡诺热机

(a)定温吸热;(b)绝热膨胀;(c)定温放热;(d)绝热压缩

1—高温热源;2—绝热气缸;3—边界;4—绝热盖板;5—低温热源

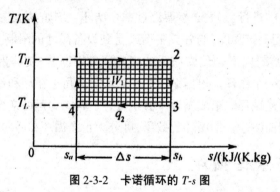

图 2-3-2　卡诺循环的 $T\text{-}s$ 图

当卡诺循环的热效率为 0,则 $T_L = T_H$,即单一热源,说明将热能连续地转变为功的条件必须有两个温度不等的热源。

由此可见,卡诺循环充分体现了热力学第二定律,指明了提高热机效率的方向,具有普遍的指导意义。

二、逆循环及逆卡诺循环

1.逆循环

通过循环将机械能转变为热能,则这种循环称为逆循环。

2-1 工质在等温下向温度为 T_H 高温热源放热。

单位质量工质放出的热量 q_1 = 面积 $21S_bS_a2 = T_H\Delta S$,则制冷系数

$$\varepsilon = \frac{q_2}{|w_0|} = \frac{T_L\Delta S}{(T_H-T_L)\Delta S} = \frac{T_L}{T_H-T_L} = \frac{1}{\dfrac{T_H}{T_L}-1} \tag{2-3-2}$$

式(2-3-2)表明:逆卡诺循环的制冷系数也只与高温热源及低温热源的温度有关。高温热源一般为环境,因此,要提高制冷系数,应尽可能的提高低温热源的温度,降低高温热源的温度。制冷系数是一个大于零的值。

第四节　热量有效能及有效能损失

在卡诺循环和卡诺定理中曾讨论过,当低温热源温度为环境温度 T。时,温度为 T 的热源放出的热量 Q 中能转变为有用功的最大份额称为热量有效能,或热㶲,又称为热量的做功能力,用 $E_{x,Q}$ 表示为

$$E_{x,Q} = Q\left(1-\frac{T_0}{T}\right) \tag{2-4-1}$$

热量 Q 中不能转变为有用功的那部分能量称为热量无效能,又称为热量的非做功能,用 $A_{n,Q}$ 表示为

$$A_{n,Q} = Q\frac{T_0}{T}$$

热量有效能和无效能可以分别用如图 2-3-1 所示的面积 abcda 和 dcfed 表示。

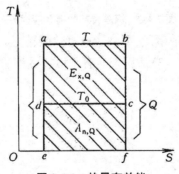

图 2-4-1　热量有效能

显然,当 Q 值一定时,温度 T 越高,热量有效能越大。考察温差传热过程,物体 A 放出的热量中热量有效能为

$$E_{x,Q_A} = Q\left(1-\frac{T_0}{T_A}\right)$$

物体 B 得到的热量中热量有效能为

$$E_{x,Q_B} = Q\left(1 - \frac{T_0}{T_B}\right)$$

在这一传热过程中,虽然热量的"量"守恒,但由于 $T_A > T_B$,$E_{x,Q_A} > E_{x,Q_B}$,热量的有效能不守恒。由于不等温的不可逆传热,有一部分有效能转化成了无效能,称为有效能损失或做功能力损失,又称为烟损失,用 I 表示,则有

$$I = E_{x,Q_A} - E_{x,Q_B} = T_0 Q\left(\frac{1}{T_B} - \frac{1}{T_A}\right)$$

在前面已讨论过,不可逆传热引起的孤立系熵增为

$$\Delta S_{iso} = Q\left(\frac{1}{T_B} - \frac{1}{T_A}\right)$$

代入上式则得

$$I = T_0 \Delta S_{iso} \tag{2-4-2}$$

在图 2-4-2 中,矩形面积 $abcda$ 为 E_{xQ_A},$a'b'c'd'$ 为 E_{x,Q_B},图中横轴上 fg 为孤立系熵增,阴影面积即为有效能损失 I。可以看出,不可逆的有效能损失造成无效能由矩形面积 $dcfed$ 增大到 $dc'ged$。

可以推论,当孤立系内发生任何不可逆过程时,系统内有效能损失都可以用式(2-4-2)进行计算。孤立系的熵增即为熵产。因此对于孤立系而言,式(2-4-2)还可写成

$$I = T_0 \Delta S_g \tag{2-4-3}$$

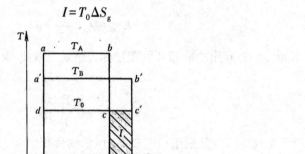

图 2-4-2 温差传热的有效能损失

事实上,任何不可逆都会造成熵产,都会造成有效能转变成无效能的有效能损失。既然不可逆的实质是相同的,因此式(2-4-3)适用于所有不可逆过程的有效能损失计算。

第三章 理想气体

第一节 理想气体状态方程与比热容

一、理想气体状态方程

(一)理想气体与实际气体

由于工质大多为气体,所以需对气体的性质、运动规律要有所了解。根据气体分子运动论,大量的气体分子不停地进行热运动。气体分子的热运动是无规则的。分子本身具有一定的体积,气体分子之间还存在着相互作用力。所以,气体的性质是非常复杂的。为了研究问题的方便,提出了理想气体的概念。

所谓理想气体是一种经过科学抽象的假想气体,这种气体必须符合两个假定:

(1)气体的分子是一些弹性的、不占体积的质点;

(2)分子间没有相互作用力。

凡是不符合这两个条件的气体为实际气体。

热力学引入理想气体的概念可使问题简化,各状态参数之间可以得出简单的函数关系。虽然理想气体是一种抽象的假想气体,但却有较大的实用价值。实验证明,当气体的压力不太高,温度不太低时,气体分子间的作用力及分子本身的体积可以忽略,此时这些气体可以看作理想气体。例如,在常温下,只要压力不超过 5MPa,工程上常用的 O_2、N_2、H_2、CO 等及其混合物,都可以作为理想气体处理。另外,大气或燃气中所含的少量水蒸气,由于其分压力很低,比体积很大,也可作为理想气体处理。当压力较高或温度较低或接近于液态时,气体的比体积小,分子之间的距离较小,分子本身体积以及分子之间的相互作用力不能忽视。如蒸汽动力装置中的水蒸气、制冷系统中的制冷剂蒸气等均不能作为理想气体看待。

(二)理想气体状态方程

当理想气体处于任一平衡状态时,三个基本状态参数之间的数学关系为

$$pv = R_g T \tag{3-1-1}$$

式中　　p——气体的绝对压力,Pa;

　　　　v——气体的比体积,m^3/kg;

　　　　T——气体的热力学温度,K;

　　　　R_g——气体常数,$J/(kg \cdot K)$。

上式称为理想气体状态方程,1834 年由克拉贝龙首先导出,因此也称为克拉贝龙方程。

它简单明了地反映了平衡状态下理想气体基本状态参数之间的具体函数关系。当已知某理想气体两个基本状态参数时,根据式(3-1-1)可以很方便地求出另外一个基本状态参数值。

气体常数 R_g 的数值只与气体的种类有关而与气体的状态无关。对于同一种气体,R_g 为一个常数,不同气体的气体常数不同。

除了式(3-1-1)外,理想气体状态方程还有其他形式。对质量为 mkg 的理想气体,状态方程可写成

$$pV = mR_g T \tag{3-1-2}$$

式中 V——质量为 mkg 气体的体积,m^3。

国际单位中,物质的量以 mol(摩尔)为单位,1mol 物质的质量称为摩尔质量,用符号 M 表示,单位为 kg/mol。1kmol 物质的质量在数值上等于该物质的相对分子质量。1mol 物质的体积称为摩尔体积,用符号 V_m 表示,单位为 m^3/mol,$V_m = Mv$。由式(3-1-1)可得

$$pV_m = MR_g T$$

若令 $R = MR_g$,则有

$$pV_m = RT \tag{3-1-3}$$

式中 R——摩尔气体常数(习惯上又称为通用气体常数),J/(mol·K)。

根据阿伏加德罗定律,在同温、同压力下,所有气体的摩尔体积 Vm 都相等。所以由式(3-1-3)可得,所有气体的 R 都相等,其值是和气体的状态无关,也是和气体的性质无关的常量。可由任意气体在任一状态下的参数确定。已知在标准状态(压力为 101325Pa,温度为 273.15K)下,1kmol 任何气体所占有的体积为 $22.41410 m^3$,代入式(3-1-3)可得

$$R = \frac{p_0 V_{m0}}{T_0} = \frac{101325 \times 22.4141 \times 10^{-3}}{273.15} = 8.314 \left[J/(mol \cdot K) \right]$$

对于不同气体的气体常数 R_g 可按下式求得

$$R_g = \frac{R}{M} \tag{3-1-4}$$

利用摩尔气体常数,质量为 mkg 的理想气体的状态方程式(3-1-2)还可以写成

$$pV = nRT \tag{3-1-5}$$

式中 $n = \frac{m}{M}$,n 称为物质的量,单位为 mol。

二、理想气体比热容

比热容是气体的重要热力性质之一。在热工计算中,利用比热容可以计算系统与外界交换的热量、工质的内能变化、焓的变化等。

(一)比热容的定义

单位质量(1kg)的气体,温度升高 1K(℃)所吸收的热量称为该气体的比热容,也称为质量热容,用符号 c 表示,单位为 kJ/(kg·K)或 kJ/(kg·℃)。其定义式为

$$c = \frac{\delta q}{dT} \tag{3-1-6}$$

单位体积(1标准立方米)的气体,温度升高 1K(℃)所吸收的热量称为体积热容,用符号 c' 表示,单位为 kJ/(m³·K)或 kJ/(m³·℃);单位物质的量(1kmol)的气体,温度升高 1K(℃)所吸收的热量称为摩尔热容,用符号 C_m 表示,单位为 kJ/(kmol·K)或 kJ/(kmol·℃)。

c、c'、Cm 的换算关系为

$$c' = \frac{Cm}{22.4} = c\rho_0 \tag{3-1-7}$$

式中　ρ_0——气体在标准状态下的密度,单位为 kg/m³。

(二)比定容热容与比定压热容

1.比定容热容(质量定容热容)

在定容情况下,单位质量的气体温度升高 1K(℃)所吸收的热量,称为该气体的比定容热容,用符号 c_v 表示,其表达式为

$$c_v = \frac{\delta q_v}{dT} \tag{3-1-8}$$

选取不同的物量单位,相应地还有体积定容热容 c'_v 和摩尔定容热容 $C_{v,m}$。

2.比定压热容(质量定压热容)

在定压情况下,单位质量的气体温度升高 1K(℃)所吸收的热量,称为该气体的比定压热容,用符号 c_p 表示,其表达式为

$$c_p = \frac{\delta q_p}{dT} \tag{3-1-9}$$

相应地还有体积定压热容 c'_p 和摩尔定压热容 $C_{p,m}$。

3.比定压热容与比定容热容的关系

理论和实践证明,比定压热容始终大于比定容热容,二者之间的关系为

$$c_p - c_v = R$$

或　　　　　　　$$C_{p,m} - C_{v,m} = MR = R_0 \tag{3-1-10}$$

上式称为梅耶公式,它适用于理想气体。

4.比热容比

比定压热容与比定容热容的比值称为比热容比或等熵指数,用符号 κ 表示。其定义式为

$$\kappa = \frac{c_p}{c_v} \tag{3-1-11}$$

将梅耶公式两边同除以 c_v,可得

$$\kappa - 1 = \frac{R}{c_v}$$

则　　　　　　　$$c_v = \frac{R}{\kappa - 1} \tag{3-1-12}$$

$$c_p = \frac{\kappa R}{\kappa - 1} \tag{3-1-13}$$

（三）真实比热容与平均比热容

1.真实比热容

理想气体的比热容实际上并非定值,而是随着温度的升高而增大,即

$$c = f(t)$$

对应于每一温度下的比热容,称为该温度下的真实比热容。为了便于工程应用,通常将定压摩尔热容及定容摩尔热容与温度的关系整理为如下的关系式:

$$C_{p,\mathrm{m}} = a_0 + a_1 T + a_2 T^2 + a_3 T^3 \tag{3-1-14}$$

或

$$C_{v,\mathrm{m}} = (a_0 - R_0) + a_1 T + a_2 T^2 + a_3 T^3 \tag{3-1-15}$$

式中　　a_0、a_1、a_2、a_3——因气体而异的实验常数;

　　　　　T——热力学温度,单位为 K。

利用真实比热容计算热量时,要用到积分运算。

对于定压过程

$$\begin{aligned}Q &= \frac{m}{M}\int_{T_1}^{T_2} C_{p,\mathrm{m}}\mathrm{d}T \\ &= n\int_{T_1}^{T_2}(a_0 + a_1 T + a_2 T^2 + a_3 T^3)\mathrm{d}T\end{aligned} \tag{3-1-16}$$

对于定容过程

$$\begin{aligned}Q &= \frac{m}{M}\int_{T_1}^{T_2} C_{v,\mathrm{m}}\mathrm{d}T \\ &= n\int_{T_1}^{T_2}(a_0 - R_0 + a_1 T + a_2 T^2 + a_3 T^3)\mathrm{d}T\end{aligned} \tag{3-1-17}$$

表 3-1-1 列出了不同气体对应的关系式中各实验常数的值。

表 3-1-1　不同气体对应的关系式中各实验常数的值

气体	分子式	a_0	$a_1/\times10^{-3}$	$a_1/\times10^{-6}$	$a_3/\times10^{-9}$	温度范围/K	最大误差(%)
空气		28.106	1.9665	4.8023	−1.9661	273～1800°	0.72
氢	H_2	29.107	−1.9159	−4.0038	−0.8704	273～1800°	1.01
氧	O_2	25.477	15.2022	−5.0618	1.3117	273～1800°	1.19
氮	N_2	28.901	−1.5713	8.0805	−28.7256	273～1800°	0.59
一氧化碳	CO	28.160	1.6751	5.3717	−2.2219	273～1800°	0.89
二氧化碳	CO_2	22.257	59.8084	−35.0100	7.4693	273～1800°	0.647
水蒸气	H_2O	32.238	1.9234	10.5549	−3.5952	273～1800°	0.53
乙烯	C_2H_4	4.1261	155.0213	−81.5455	16.9755	298～1500°	0.30
丙烯	C_3H_6	3.7457	234.0107	−115.1278	21.7353	298～1500°	0.44
甲烷	CH_4	19.887	50.2416	12.6860	−11.0113	273～1500°	1.33
乙烷	C_2H_6	5.413	178.0872	−69.3749	8.7147	298～1500°	0.70
丙烷	C_3H_8	−4.223	306.264	−158.6316	32.1455	298～1500°	0.28

2.平均比热容

比热容随温度的变化关系表示在 *c-t* 图上为一条曲线,如图 3-1-1 所示。若将气体的温度由 t_1 升高至 t_2,则所需的热量为

$$q = \int_{t_1}^{t_2} c\mathrm{d}t \tag{3-1-18}$$

该热量在 *c-t* 图上相当于面积 *DEFG*。为了简化运算,可以用一块大小相等的矩形面积 *MNFG* 来代替面积 *DEFG*,即

$$q = \int_{t_1}^{t_2} c\mathrm{d}t = \overline{MG}(t_2 - t_1)$$

矩形高度 $\overline{MG}$ 就是在 t_1 与 t_2 温度范围内真实比热容的平均值,称为平均比热容,用符号 $c\big|_{t_1}^{t_2}$ 表示,则上式可写为

$$q = \int_{t_1}^{t_2} c\mathrm{d}t = c\big|_{t_1}^{t_2}(t_2 - t_1) \tag{3-1-19}$$

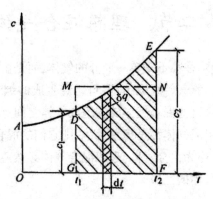

图 3-1-1　比热容与温度的关系

为了应用方便,可将各种常用气体的平均比热容计算出来,并列成表格,用时可以直接查表。然而 $c\big|_{t_1}^{t_2}$ 值随温度范围的变化而变化,要列出任意温度范围的平均比热容表将非常烦琐。为了解决这一问题,可选取某一参考温度(通常取 0℃),这样表中的数值即由 0℃ 到任意温度 t 的平均比热容。则上式可改写为

$$q = \int_{t_1}^{t_2} c\mathrm{d}T = \int_{0}^{t_2} c\mathrm{d}T - \int_{0}^{t_1} c\mathrm{d}T$$

$$= c\big|_{0}^{t_2}(t_2 - 0) - c\big|_{0}^{t_1}(t_1 - 0)$$

$$= c\big|_{0}^{t_2}t_2 - c\big|_{0}^{t_2}t_1 \tag{3-1-20}$$

(四)定值比热容

由分子运动论可知,理想气体的比热容值仅与其分子结构有关,而与其所处的状态无关。分子中原子数目相同的气体,它们的摩尔比热容值都相等。这种由分子结构决定的比热容称为定值比热容,从理论上可以推导出其近似值。表 3-1-2 列出了各种气体的定值摩尔热容和比热容比。

表 3-1-2　气体的定值摩尔热容和比热容比

	单原子气体	双原子气体	多原子气体
$C_{v,m}$	$\dfrac{3}{2}R_0$	$\dfrac{5}{2}R_0$	$\dfrac{7}{2}R_0$
$C_{p,m}$	$\dfrac{5}{2}R_0$	$\dfrac{7}{2}R_0$	$\dfrac{9}{2}R_0$
比热容比 $\kappa=\dfrac{C_p}{C_v}$	1.66	1.40	1.29

实验表明,以上定值比热容比的值只能近似地符合实际。对于单原子气体,其定值比热容比与实际值是基本一致的;而对于双原子气体,其定值比热容比与实际值就有明显的偏差;对于多原子气体,其内部原子振动能更大,实验数据与理论值的偏差也就更大,而且随着温度的升高,这些偏差将更加显著。因此,在工程计算中,只有当温度不太高或计算精度要求不太高的情况下,才能将气体的比热容比视为定值。

第二节　理想混合气体

热力工程上所应用的气体,往往不是单一成分的气体,而是由几种不同性质的气体组成的混合物。例如,空气是由氧气、氮气等组成的;燃料燃烧生成的烟气是由二氧化碳、水蒸气、一氧化碳、氧气、氮气等组成的。这些混合气体的各组成气体之间不发生化学反应,因此,混合气体是一种均匀混合物。若各组成气体都是理想气体,则它们的混合物也是理想气体,这种混合气体称为理想混合气体,或简称为混合气体,理想混合气体必然遵循理想气体的有关规律及关系式。本文只介绍理想混合气体的性质。

一、混合气体的温度

由于混合气体中各组成气体均匀地混合在一起,所以混合气体的温度等于各组成气体的温度,即

$$T=T_1=T_2=T_3=\cdots=T_n \tag{3-2-1}$$

二、分压力

当混合气体的组成气体在与混合气体温度相同的条件下单独占据混合气体的容积时,所呈现的压力称为该组成气体的分压力,用符号 p_i 表示,如图 3-2-1b、c 所示。

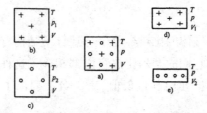

图 3-2-1　混合气体的分压力与分容积示意图

道尔顿(Dalton)分压力定律指出:理想混合气体的总压力等于各组成气体的分压力之和,即

$$p = p_1 + p_2 + p_3 + \cdots + p_n = \sum_{i=1}^{n} P_i \tag{3-2-2}$$

三、分体积

当混合气体的组成气体在与混合气体的温度、压力相同的条件下单独存在时,所占有的体积称为该组成气体的分体积,用符号 V_i 表示,如图3-2-1d、e所示。

阿密盖特(Amagoot)分体积定律指出:混合气体的总体积等于各组成气体的分体积之和,即

$$V = V_1 + V_2 + V_3 + \cdots + V_n = \sum_{i=1}^{n} V_i \tag{3-2-3}$$

四、混合气体的成分表示方法

混合气体的性质不仅与各组成气体的性质有关,而且与各组成气体所占的数量有关。为此,需要研究混合气体的成分。

混合气体的成分是指各组成气体在混合气体中所占数量的比率。根据物量单位不同,混合气体的成分有质量分数、体积分数、摩尔分数三种表示方法。

1.质量分数

混合气体中某组成气体的质量 m_i 与混合气体的总质量 m 的比值称为该组成气体的质量分数,用符号 w_i 表示,即

$$w_i = \frac{m_i}{m} \tag{3-2-4}$$

由于混合气体的总质量 m 等于各组成气体的质量 m_i 的总和,即

$$m = m_1 + m_2 + m_3 + \cdots + m_n = \sum_{i=1}^{n} m_i$$

故
$$w_1 + w_2 + w_3 + \cdots + w_n = \sum_{i=1}^{n} w_i = 1 \tag{3-2-5}$$

2.体积分数

混合气体中某组成气体的分体积 V_i 与混合气体的总体积 V 的比值称为该组成气体的体积分数,用符号 φ_i 表示,即

$$\varphi_i = \frac{V_i}{V} \tag{3-2-6}$$

根据分体积定律可知,混合气体的总体积 V 等于各组成气体的分体积 V_i 的总和,即

$$V = V_1 + V_2 + V_3 + \cdots + V_n = \sum_{i=1}^{n} V_i$$

故
$$\varphi_1 + \varphi_2 + \varphi_3 + \cdots + \varphi_n = \sum_{i=1}^{n} \varphi_i = 1 \tag{3-2-7}$$

3.摩尔分数

混合气体中某组成气体的摩尔数 n_i 与混合气体的总摩尔数 n 的比值称为该组成气体的摩尔分数,用符号 x_i 表示,即

$$x_i = \frac{n_i}{n} \tag{3-2-8}$$

由于混合气体的总摩尔数 n 等于各组成气体的摩尔数 n_i 的总和,即

$$n = n_1 + n_2 + n_3 + \cdots + n_n = \sum_{i=1}^{n} n_i$$

故

$$x_1 + x_2 + x_3 + \cdots + x_n = \sum_{i=1}^{n} x_i = 1 \tag{3-2-9}$$

4.三种成分之间的换算关系

(1)体积分数与摩尔分数的换算

$$\varphi_i = \frac{V_i}{V} = \frac{n_i V_{mi}}{n V_m}$$

式中　　V_{mi}——某组成气体的摩尔体积;

　　　　V_m——混合气体的摩尔体积。

根据阿伏加德罗定律,在同温同压下,各种气体的摩尔体积相等,即

$$V_{mi} = V_m$$

故

$$\varphi_1 = \frac{n_i}{n} = x_i \tag{3-2-10}$$

上式表明,各组成气体的体积分数与其摩尔分数在数值上相等。

(2)质量分数与体积分数的换算

$$w_i = \frac{m_i}{m} = \frac{n_i M_i}{n M} = x_i \frac{M_i}{M} = \varphi_i \frac{M_i}{M} = \varphi_i \frac{R}{R_i}$$

式中　　M_i——某组成气体的摩尔质量;

　　　　M——混合气体的摩尔质量。

根据阿伏加得罗定律,在同温同压下,气体的密度与其相对分子质量成正比,可得

$$w_i = \varphi_i \frac{M_i}{M} = \varphi_i \frac{\rho_i}{\rho} = \varphi_i \frac{v}{v_i} \tag{3-2-11}$$

五、混合气体的平均相对分子质量和气体常数

由于混合气体不是单一气体,所以混合气体没有确定的分子式和相对分子质量。但我们可以假定混合气体是某种单一气体,该单一气体的总质量和总摩尔数与混合气体的总质量和总摩尔数分别相等,则混合气体的总质量与总摩尔数之比就是混合气体的平均相对分子质量或折合相对分子质量,它取决于组成气体的种类和成分。

当已知各组成气体的体积分数时

$$M = \frac{m}{n} = \frac{\sum_{i=1}^{n} n_i M_i}{n} = \sum_{i=1}^{n} x_i M_i = \sum_{i=1}^{n} \varphi_i M_i \tag{3-2-12}$$

$$R=\frac{R_0}{M}=\frac{R_0}{\sum\limits_{i=1}^{n}\varphi_i M_i}=\frac{1}{\sum\limits_{i=1}^{n}\dfrac{\varphi_i}{R_i}} \qquad (3\text{-}2\text{-}13)$$

当已知各组成气体的质量分数时

$$M=\frac{m}{n}=\frac{m}{\sum\limits_{i=1}^{n}n_i}=\frac{m}{\sum\limits_{i=1}^{n}\dfrac{m_i}{M_i}}=\frac{1}{\sum\limits_{i=1}^{n}\dfrac{w_i}{M_i}} \qquad (3\text{-}2\text{-}14)$$

$$R=\frac{R_0}{M}=R_0\sum_{i=1}^{n}\frac{w_i}{M_i}=\sum_{i=1}^{n}w_i R_i \qquad (3\text{-}2\text{-}15)$$

六、分压力的确定

根据某组成气体的分压力与分体积,分别列该气体的状态方程式

$$p_i V=m_i R_i T$$
$$p V_i=m_i R_i T$$

则
$$p_i=\frac{V_i}{V}P=\varphi_i P \qquad (3\text{-}2\text{-}16)$$

根据各种成分之间的关系式,分压力还可以表示为其他形式,如

$$p_i=w_i\frac{\rho}{\rho_i}P=w_i\frac{M}{M_i}P=w_i\frac{R_i}{R}P \qquad (3\text{-}2\text{-}17)$$

第三节　理想气体的热力过程

在热力设备中,热能与机械能间的相互转换及工质状态参数的变化规律都是通过热力过程来实现的,研究分析热力过程的目的和任务就在于揭示不同的热力过程中工质状态参数的变化规律和能量在过程中相互转换的数量关系。研究分析热力过程,通常采用抽象、简化的方法,将复杂的不可逆过程简化为可逆过程来处理,然后,借助于某些经验系数进行修正。

本文只讨论理想气体的可逆热力过程,分析热力过程主要解决以下问题:

(1)根据过程的特征和热力性质,建立过程方程式 $p=f(v)$;

(2)根据过程方程式并结合理想气体状态方程式,确定不同状态下基本状态参数 p、v、T 之间的关系;

(3)计算过程中热力系与外界之间的热量和功量交换;

(4)绘制过程曲线,即 $p\text{-}v$ 图和 $T\text{-}s$ 图,以便于用图示方法进行定性分析。

一、基本热力过程

基本热力过程是指热力系保持某一状态参数(比体积 v、压力 p、温度 T 与比熵 s 等)不变的热力过程。

1.定容过程

工质在状态变化中保持比体积不变的热力过程称为定容过程。在工程上某些热力设备中

的气体工质的加热过程中,由于过程进行得非常快,体积几乎来不及发生改变,就可以看成是定容过程,如炸药的爆炸过程、内燃机工作时气缸内汽油与空气的混合物的爆燃过程等。

在这种过程中,气体的压力和温度突然升高很多,这种过程可以看成是定容过程。

(1)过程方程式:定容过程的特征是工质的比体积始终保持不变,因此定容过程方程式为

$$v = 定值 \tag{3-3-1}$$

(2)初、终状态基本状态参数关系式:定容过程气体初、终状态基本状态参数之间的关系,可根据理想气体状态方程 $pv = R_g T$,结合过程方程得到

$$\frac{P_2}{P_1} = \frac{T_2}{T_1} \tag{3-3-2}$$

可见,定容过程中理想气体的压力与热力学温度成正比。

(3)功量与热量的计算:因为 $dv = 0$,定容过程的体积变化功为零,即

$$w = \int_1^2 p dv = 0 \tag{3-3-3}$$

定容过程的技术功为

$$w_t = -\int_1^2 v dp = v(p_1 - p_2) \tag{3-3-4}$$

根据热力学第一定律的能量方程可得定容过程换热量为

$$q = \Delta u + w = \Delta u = \int_1^2 c_v dT \tag{3-3-5}$$

可见,定容过程中工质体积变化功为零,加给工质的热量全部转变为工质热力学能的增加。此结论直接由热力学第一定律推得,故适用于任何工质。

另外,热量也可以利用比热容定义式求得,当比热容取定值时,定容过程换热量为

$$q = c_V(T_2 - T_1) \tag{3-3-6}$$

(4)过程曲线:定容过程在 p-v 图上是一条垂直于 v 轴的直线,在 T-s 图上是一条指数曲线,如图 3-3-1 所示。其中 1-2 为定容加热过程;1-2′ 为定容放热过程。T-s 图中 1-2 和 1-2′ 曲线下面积表示定容过程中热力系与外界交换的热量。

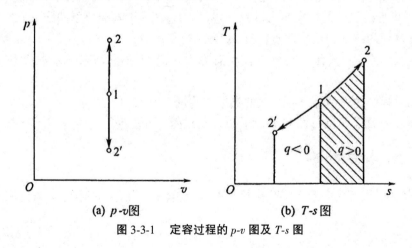

(a) p-v图   (b) T-s 图

图 3-3-1   定容过程的 p-v 图及 T-s 图

2.定压过程

工质在状态变化中保持压力不变的热力过程称为定压过程。实际热力设备中的很多吸热或放热过程是在接近定压的情况下进行的。如制冷剂蒸气在冷凝器中的凝结过程、水在锅炉中的汽化过程等都可看成是定压过程。

（1）过程方程式：定压过程的过程方程式为

$$p = 定值 \tag{3-3-7}$$

（2）初、终状态基本状态参数关系式：定压过程气体初、终状态基本状态参数之间的关系，可根据理想气体状态方程 $pv = R_g T$，结合过程方程得到

$$\frac{v_2}{v_1} = \frac{T_2}{T_1} \tag{3-3-8}$$

可见，定压过程中理想气体的比体积与热力学温度成正比。

（3）功量与热量的计算：在定压过程中，由于 $p = 定值$，故体积变化功为

$$w = \int_1^2 p\mathrm{d}v = p(v_2 - v_1) = R_g(T_2 - T_1) \tag{3-3-9}$$

当 $T_2 - T_1 = 1\mathrm{K}$ 时，$\{R_g\} = \{w\}$，说明理想气体的气体常数 R_g 在数值上等于 $1\mathrm{kg}$ 质量的理想气体在可逆定压过程中温度升高 $1\mathrm{K}$ 所做的体积变化功。

定压过程的技术功为

$$w_t = -\int_1^2 v\mathrm{d}p = 0 \tag{3-3-10}$$

根据热力学第一定律的能量方程可得定压过程换热量为

$$q = \Delta u + w = u_2 - u_1 + p(v_2 - v_1)$$
$$= (u_2 + p_2 v_2) - (u_1 + p_1 v_1) = h_2 - h_1 = \Delta h \tag{3-3-11}$$

定压过程中工质所吸收的热量等于工质焓的增量，此结论直接由热力学第一定律推得，故适用于任何工质。

定压过程的换热量还可以用比定压热容来计算，当比定压热容取定值时，有

$$q = \int_1^2 c_p \mathrm{d}T = c_p(T_2 - T_1) \tag{3-3-12}$$

（4）过程曲线：定压过程在 $p\text{-}v$ 图上是一条水平线，在 $T\text{-}s$ 图上也是一条指数曲线，但斜率小于定容过程曲线，如图 3-3-2 所示。定压加热时，温度升高，比体积增大，比熵增大，是吸热升温膨胀过程，过程曲线如图中 1-2 线所示；反之，是放热降温压缩过程，如图中 1-2′线所示。

3.定温过程

工质在状态变化中保持温度不变的热力过程称为定温过程。

（1）过程方程式：由 $T=定值$、$pv = R_g T$ 得定温过程的过程方程式为

$$pv = 定值 \tag{3-3-13}$$

（2）初、终状态基本状态参数关系式：由过程方程式得定温过程初、终状态基本状态参数关系为

$$\frac{P_2}{P_1} = \frac{v_2}{v_1} \tag{3-3-14}$$

可见，定温过程中理想气体的绝对压力与比体积成反比。

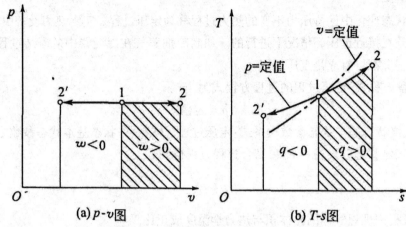

(a) $p\text{-}v$图   (b) $T\text{-}s$图

图 3-3-2   定压过程的 $p\text{-}v$ 图及 $T\text{-}s$ 图

（3）功量与热量的计算：在定温过程中，由于 $pv=$ 定值，故体积变化功为

$$w = \int_1^2 p\mathrm{d}v = \int_1^2 pv\frac{\mathrm{d}v}{v} = pv\ln\frac{v_2}{v_1}$$

$$= R_gT\ln\frac{v_2}{v_1} = R_gT\ln\frac{P_1}{P_2} \tag{3-3-15}$$

根据热力学第一定律的能量方程 $q=\Delta u+w$，及理想气体的定温过程的 $\Delta u=0$，可得定温过程换热量为

$$q = w = pv\ln\frac{v_2}{v_1} = R_gT\ln\frac{P_1}{P_2} \tag{3-3-16}$$

定温过程中热力学能变化为零，工质所吸收的热量全部用于对外做膨胀功；反之，如果是工质被压缩，则外界所消耗的功全部转换为热量向外放出。对于定温过程，给人的第一感觉是由于温度改变值为零，所以定温过程没有热量的传递，因为热量传递必须存在温差。但是定温过程是指热力系本身的温度没有改变，并不是说热力系与外界没有温差。而热力系的温度没有变化，是因为热力系所吸收的热量全部用于对外做功。可逆定温过程则要求热力系与外界之间温差极小。对于实际的定温过程热力系与外界自然会有温差，为了保持热力系温度不变，可以使用冷却水夹降低热力系的温度使之保持温度不变。

根据稳定流动能量方程 $q=\Delta h+w_t$ 及理想气体的定温过程的 $\Delta h=0$ 可知，定温过程的技术功为

$$w_t=q \tag{3-3-17}$$

因此，在理想气体的定温过程中，体积变化功、技术功和热量三者相等。

（4）过程曲线：根据过程方程可知，定温过程在 $p\text{-}v$ 图上为一条等轴双曲线，在 $T\text{-}s$ 图上是一条平行于 s 轴的直线，如图 3-3-3 所示。定温加热时，比体积增加，压力下降，比熵增加，是吸热膨胀过程，过程曲线如图中 1-2 线所示；反之，是放热压缩过程，如图中 1-2′ 线所示。

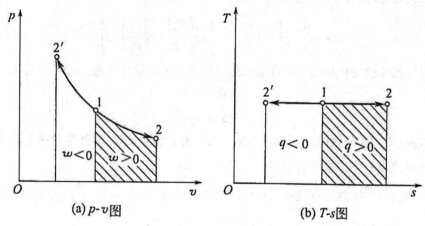

(a) $p\text{-}v$图　　　　　　　　(b) $T\text{-}s$图

图 3-3-3　定温过程的 $p\text{-}v$ 图及 $T\text{-}s$ 图

4.绝热过程

工质在状态变化中与外界没有热量传递的热力过程称为绝热过程。在绝热过程中,不仅热力系与外界的总热量交换为零,而且在过程进行的每一瞬间,热力系与外界的热量交换也为零。实际上不存在这样的热力过程,但是通过为热力系加上良好的保温材料,使之与外界隔绝,或过程进行得非常快,热力系来不及与外界交换热量都可以近似地看成绝热过程。例如汽轮机、燃气轮机中气缸的工质膨胀过程及气体在气缸中的压缩过程等。

在绝热过程中,$\delta q=0$ 及 $q=0$,根据式(2-6)$\delta q=T\mathrm{d}s$,对可逆绝热过程有

$$\mathrm{d}s=\frac{\delta q}{T}=0 \tag{3-3-18}$$

故　　　　　　　　　　　　　　$s=$定值

所以可逆绝热过程又称为定熵过程。

(1)过程方程式:根据热力学第一定律表达式经推导可得理想气体可逆绝热过程方程式为

$$pv^{\kappa}=\text{定值} \tag{3-3-19}$$

式中　　κ——等熵指数。对于理想气体,单原子气体 $\kappa=1.67$;双原子气体 $\kappa=1.4$;多原子气体 $\kappa=1.29$。

(2)初、终状态基本状态参数关系式:由过程方程式及理想气体状态方程式经整理可得

$$\frac{p_2}{p_1}=\left(\frac{v_1}{v_2}\right)^{\kappa} \tag{3-3-20}$$

$$\frac{T_2}{T_1}=\left(\frac{v_1}{v_2}\right)^{\kappa-1}=\left(\frac{P_2}{P_1}\right)^{\frac{\kappa-1}{\kappa}} \tag{3-3-21}$$

(3)功量与热量的计算:绝热过程,热力系与外界无热量交换,即

$$q=0 \tag{3-3-22}$$

可逆绝热过程的体积变化功为

$$w=\int_1^2 p\mathrm{d}v=\int_1^2 \frac{p_1 v_1^{\kappa}}{v^{\kappa}}\mathrm{d}v=\frac{1}{\kappa-1}(p_1 v_1-p_2 v_2)=\frac{R_{\mathrm{g}}}{\kappa-1}(T_1-T_2) \tag{3-3-23a}$$

由初、终状态参数关系式经整理又可得

$$w = \frac{R_g T_1}{\kappa - 1}\left[1 - \left(\frac{v_1}{v_2}\right)^{\kappa - 1}\right] = \frac{R_g T_1}{\kappa - 1}\left[1 - \left(\frac{P_2}{P_1}\right)^{\frac{\kappa - 1}{\kappa}}\right] \tag{3-3-23b}$$

绝热过程的体积变化功还可以直接由热力学第一定律能量方程 $q = \Delta u + w$ 导出

$$q = \Delta u + w = 0$$

故

$$w = -\Delta u = u_1 - u_2 \tag{3-3-23c}$$

可见,绝热过程中工质所做的膨胀功等于热力系热力学能的减少;而外界对热力系做的压缩功则全部转换成热力系热力学能的增加。

理想气体在可逆绝热稳定流动过程中所做的技术功,可由 $w_t = -\int_1^2 v\mathrm{d}p$ 和 $pv^\kappa =$ 定值求得

$$w_t = \kappa w = \frac{\kappa}{\kappa - 1}R_g(T_1 - T_2) = \frac{\kappa - 1}{\kappa}R_g T_1\left[1 - \left(\frac{P_2}{P_1}\right)^{\frac{\kappa - 1}{\kappa}}\right] \tag{3-3-24}$$

绝热过程的技术功还可根据稳定流动能量方程 $q = \Delta h + w_t$ 求得

$$w_t = q - \Delta h = -\Delta h = h_1 - h_2 \tag{3-3-25}$$

可见,在绝热流动过程中,流动工质所做的技术功全部来自其焓降。

式(3-3-22c)和式(3-3-24)都是由热力学第一定律直接推导出的,因此它们既适用于可逆绝热过程,又适用于不可逆绝热过程,既适用于理想气体,又适用于其他任何工质。

当比热容取定值时,对于理想气体绝热过程的体积变化功和技术功还可分别有下面的表达式

$$w = -\Delta u = c_V(T_1 - T_2) \tag{3-3-26}$$

$$w_t = -\Delta h = c_p(T_1 - T_2) \tag{3-3-27}$$

(4)过程曲线:根据过程方程可知,定熵过程在 $p\text{-}v$ 图上为一条高次双曲线。由于等熵指数 κ 值总是大于1,定熵线斜率的绝对值大于定温线斜率的绝对值,即定熵曲线较定温曲线陡,如图3-3-4(a)所示。

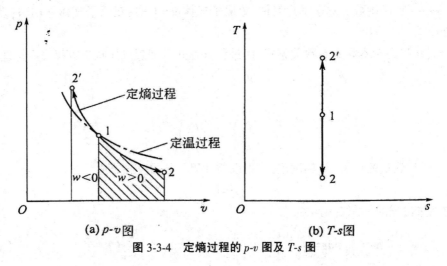

(a) $p\text{-}v$图　　　　(b) $T\text{-}s$图

图 3-3-4　定熵过程的 $p\text{-}v$ 图及 $T\text{-}s$ 图

因定熵过程中状态参数熵保持不变,故定熵过程在 T-s 图上是一条垂直于 s 轴的直线,如图 3-3-4(b)所示。

图中 1-2 过程为定熵膨胀降温降压过程;1-2′ 过程为定熵压缩升温升压过程。

二、多变过程

前面讨论的是几种特殊的热力过程。它们的特点是在这些基本热力过程中,有一个状态参数保持不变或热力系与外界无热量交换。但实际的热力过程往往是三个状态参数都发生改变,热力系与外界也存在着或多或少的热量交换。所以就不能用前面所讲的热力过程来分析。因此需要一种比基本热力过程更普遍、更一般、更有代表性的过程来研究,并且这种过程需要满足一定的规律。这种过程称为多变过程。

1.过程方程式及多变指数

结合基本热力过程的共同特性,可归纳出多变过程方程式为

$$pv^n = 定值 \tag{3-3-28}$$

热力学中将符合上式的状态变化过程称为多变过程,n 称为多变指数。在某一特定的多变过程中,n 保持一定的数值。对于不同的多变过程,n 值则各不相同。n 可以是从 $-\infty$ 到 $+\infty$ 的任何实数。对于实际的热力过程往往较为复杂,可能不完全符合 $pv^n = $ 定值的规律,但当 n 值变化不大时,则可用一个不变的平均值近似取代实际变化的 n 值;而当 n 值变化较大时,可以将实际过程分为 n 值不同的几个热力过程,在每一个阶段中,以 n 值保持不变来进行分析。

多变过程概括了所有的热力过程,所以前面所讨论的四个基本热力过程也可用多变过程来表示。将多变过程与各基本热力过程比较,可以看出:

当 $n=0$ 时,$p=$ 定值,为定压过程;当 $n=1$ 时,$pv=$ 定值,为定温过程;当 $n=\kappa$ 时,$pv^\kappa=$ 定值,为绝热过程;当 $n=\pm\infty$ 时,$v=$ 定值,为定容过程(因 $pv^n=$ 定值可写成 $p^{1/n}v=$ 定值,故 $v=$ 定值)。

因此,四个基本热力过程可以看成是多变过程的特例。只是在习惯上多变过程是指除四个基本热力过程以外的其他热力过程。

多变过程的指数范围从 $-\infty$ 到 $+\infty$,但在热力设备中只讨论 n 为正值的情况。

当 n 为定值时,根据式(3-3-28)可得

$$\frac{p_2}{p_1} = \left(\frac{v_1}{v_2}\right)^n$$

对上式取对数可得多变指数 n 为

$$n = \frac{\ln\left(\dfrac{p_2}{p_1}\right)}{\ln\left(\dfrac{v_1}{v_2}\right)} \tag{3-3-29}$$

上式表明,多变指数 n 值可以根据初、终两个状态来求得。

2.初、终状态基本状态参数关系式及功量与热量的计算

很容易看出,多变过程与可逆绝热过程的过程方程式具有相同的形式,只是用指数 n 代替了 κ。因此,在分析多变过程时,初、终状态基本状态参数关系式、体积变化功及技术功的计算式也只需要用 n 代替 κ 便可得到。

多变过程的初、终状态基本状态参数关系为

$$\frac{p_2}{p_1} = \left(\frac{v_1}{v_2}\right)^n \tag{3-3-30}$$

$$\frac{T_2}{T_1} = \left(\frac{v_1}{v_2}\right)^{n-1} = \left(\frac{p_2}{p_1}\right)^{\frac{n-1}{n}} \tag{3-3-31}$$

多变过程的体积变化功为

$$w = \frac{1}{n-1}(p_1 v_1 - p_2 v_2) = \frac{R_g}{n-1}(T_1 - T_2) = \frac{R_g T_1}{n-1}\left[1 - \left(\frac{p_2}{P_1}\right)^{\frac{n-1}{n}}\right] \tag{3-3-32}$$

多变过程的技术功为

$$w_t = nw = \frac{n}{n-1}R_g(T_1 - T_2) = \frac{n}{n-1}R_g T_1\left[1 - \left(\frac{p_2}{P_1}\right)^{\frac{n-1}{n}}\right] \tag{3-3-33}$$

当比热容取为定值时,多变过程中热力系与外界交换的热量为

$$q = \Delta u + w = c_V(T_2 - T_1) + \frac{R_g}{n-1}(T_1 - T_2) = \left(c_V - \frac{R_g}{n-1}\right)(T_2 - T_1) \tag{3-3-34}$$

式中,$c_V - \dfrac{R_g}{n-1}$ 为理想气体多变过程的比热容,称为多变比热容,以符号 c_n 表示,即

$$c_n = c_V - \frac{R_g}{n-1} = c_V - \frac{c_p - c_V}{n-1} = c_V\left(1 - \frac{\kappa - 1}{n-1}\right) = c_V\frac{n - \kappa}{n-1} \tag{3-3-35}$$

当 n 取不同的数值时,c_n 也有不同的数值,分别代表不同的热力过程。

3.过程曲线及特性分析

(1) 过程曲线的分布规律:由前面分析可知,四个基本的热力过程是多变过程的特例,借助于四个基本热力过程在坐标图上的相对位置,便可以确定任意值的多变过程线的大致位置。图3-3-5所示为从同一状态点1出发的四种基本热力过程。显然,过程线在 p-v 图和 T-s 图上的分布是有规律的,n 值按顺时针方向逐渐增大,由 $-\infty \to 0 \to 1 \to \kappa \to +\infty$。当 n 值不同时,多变过程的特性则不同,当 $1 < n < \kappa$ 时,即介于定温过程和定熵过程之间的多变过程是热机和制冷机中常遇到的过程。

(2) 过程特性的判定:多变过程线在坐标图上的位置一经确定后,便可直观地判定状态参数的变化趋势以及过程中能量的转换情况。如图3-3-5所示。

热量的正负是以定熵线为基准。位于定熵线右上区域(p-v 图)或右侧区域(T-s 图)的各热力过程,$\Delta s > 0$,$q > 0$ 为吸热过程;反之则 $\Delta s < 0$,$q < 0$ 为放热过程。

体积变化功的正负是以定容线为基准。位于定容线右侧区域(p-v 图)或右下区域(T-s 图)的各热力过程,$\Delta v > 0$,$w > 0$ 为膨胀过程,热力系对外输出功;反之则 $\Delta v < 0$,$w < 0$ 为压缩过程,热力系消耗外功。

技术功的正负是以定压线为基准。位于定压线下方区域(p-v 图)或右下区域(T-s 图)的各热力过程,$w_t > 0$;反之则 $w_t < 0$。

热力学能(或焓)的增减是以等温线为基准。位于定温线右上区域(p-v 图)或上侧区域

(T-s 图) 的各热力过程，$\Delta T > 0, \Delta u > 0, \Delta h > 0$ 为工质热力学能及焓增加的过程；反之则 $\Delta T < 0, \Delta u < 0, \Delta h < 0$ 为工质热力学能及焓减少的过程。

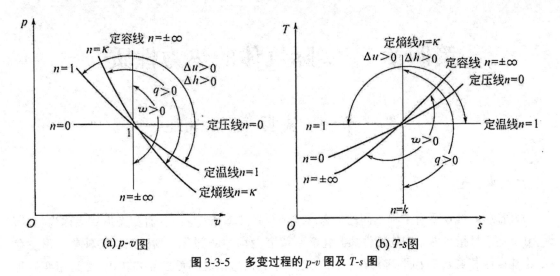

(a) p-v图   (b) T-s图

图 3-3-5   多变过程的 p-v 图及 T-s 图

第四章 实际气体的热力性质

第一节 实际气体概述

一、概述

众所周知,纯物质有三种不同的集态形式:固态、液态和气态。三种集态形式又称为相,所谓相(集态)是指热力系中物理性质和化学组成完全均匀的部分。物质能以某种单相形态存在,也能以两相甚至三相平衡共存。在一定条件下相与相之间可以互相转化,称为相变过程(或集态变化)。

对于简单可压缩系,由状态方程 $F(p,v,T)=0$ 可知,在 p、v、T 三维坐标系中,全部热力学状态构成一个曲面,这就是 $p\text{-}v\text{-}T$ 热力学面。$p\text{-}v\text{-}T$ 热力学面清晰地反映了物质的三种集态及其相变过程,如图 4-1-1 所示。图中标示固、液、气的面分别表示物质的固、液、气三种单相区域。当物质从一种相转变为另一种相的相变过程发生时,一种相的物质逐渐减少,另一种相的物质逐渐增加。相变过程中经历的任一平衡状态是两相共存的状态,它们处于两单相区之间的两相共存区域。标示 S-L、L-V 和 S-V 的面分别表示固-液、液-气和固-气共存区。图 4-1-1a 表示液态凝固时体积缩小的物质的 $p\text{-}v\text{-}T$ 热力学面;图 4-1-1b 表示液态凝固时体积膨胀的物质的 $p\text{-}v\text{-}T$ 热力学面。图中 S-L 面(或 L-V 面)与 S-V 面的交线,是固、液、气三相平衡共存的状态点的集合,称为三相线。

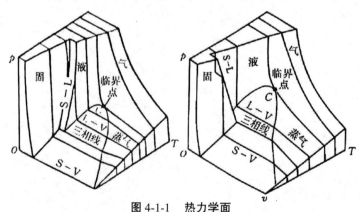

图 4-1-1 热力学面

$p\text{-}v\text{-}T$ 热力学面在 $p\text{-}T$ 坐标面上的投影称为 $p\text{-}T$ 图,它清楚地表示了固、液和气三相间的关系,故又称为相图。图 4-1-2a、b 为对应图 4-1-1a、b 的相图。在 $p\text{-}T$ 图上,固-液、液-气和固-气两相区的投影分别为溶解线 S-L、汽化线 L-V 和升华线 S-V。三线的交点就是三相线的投影,称为三相点。从 p-T 图上可以看到,对于确定的物质,其三相点的压力和温度是确定的。几种物质的三相点温度和压力见表 4-1-1。

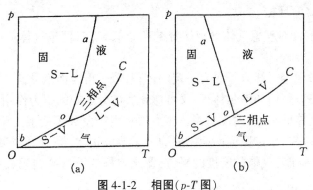

图 4-1-2　相图(p-T 图)

表 4-1-1　几种物质的三相点参数

名称	分子式	温度 /K	压力 /kPa	名称	分子式	温度 /K	压力 /kPa
氩	Ar	83.78	68.75	水	H_2O	273.16	0.6112
氢	H_2	13.84	7.039	一氧化碳	CO	68.14	15.35
氮	N_2	63.15	12.53	二氧化碳	CO_2	216.55	518.0
氧	O_2	54.35	0.152				

　　原则上讲,固、液、气三态物质均可作为热能和机械能相互转换所凭借的物质。这样,对物质的三种集态及多相共存的热力性质均要进行研究。然而,由于热能和机械能的相互转换是通过物质的体积变化实现的,而能迅速、有效实现体积变化的是气(汽)相物质,如氮气、空气和水蒸气等。因此,热能和机械能相互转换所凭借的物质仅指气相物质。即使是气相物质,由于物质分子本身和分子间相互作用力在性质、种类和大小等方面的千差万别,致使其热力性质的研究非常繁复。为研究方便起见,对于工程应用的气体,根据其压力和温度可分为理想气体和实际气体。

　　前面已讨论过理想气体的状态方程、比热容及 u、h、s 的计算。理想气体的热力性质计算虽然形式简单、计算方便,但它们不能用来确定实际气体的各种热力参数,如高压下的 CO_2、水蒸气和氨蒸气等。因为实际气体不符合理想气体的克拉珀龙状态方程。另外,在状态参数中只有 p、v 和 T 等可由实验测定,u、h、s 等的值却是无法直接测定的,这就需要根据热力学第一定律和热力学第二定律建立它们与可测量参数间的一般关系式,即热力学一般关系式,它们对工质热力性质的理论研究与实验测试都具有重要意义。

　　研究实际气体的性质在于寻求它的各热力参数间的关系,其中最重要的是建立实际气体的状态方程。因为不仅 p、v、T 本身就是过程和循环分析中必须确定的量,而且在状态方程的基础上利用热力学一般关系式可导出 u、h、s 及比热容的计算式,以便于进行过程和循环的热力分析。

二、范德瓦尔方程和其他状态方程简介

　　对实际气体进行研究,获得状态方程式的方法有理论的、经验的或半经验半理论的方法。

这些方程中,通常准确度高的适用范围较小,通用性强的则准确度差。在各种实际气体的状态方程中,具有开拓性意义的是范德瓦尔方程。

(一) 范德瓦尔方程

1873 年范德瓦尔针对理想气体微观解释的两个假定,对理想气体的状态方程进行修正,提出了范德瓦尔状态方程。

范德瓦尔首先考虑到气体分子具有一定的体积,分子可自由活动的空间减少,用 $(V_\mathrm{m} - b)$ 来取代理想气体状态方程中的摩尔体积;又考虑到气体分子间的引力作用,气体对容器壁面所施加的压力比理想气体的小,用内压力修正压力项。由于由分子间引力引起的单位时间内分子对器壁撞击力的减小与单位壁面面积碰撞的分子数成正比,同时又与吸引这些分子的其他分子数成正比,因此内压与气体的密度的平方,即比体积的平方的倒数成正比,从而压力减小可以用 $\dfrac{a}{V_\mathrm{m}^2}$ 表示。于是得到范德瓦尔状态方程,即

$$\left(p + \frac{a}{V_\mathrm{m}^2}\right)(V_\mathrm{m} - b) = RT \quad 或 \quad p = \frac{RT}{V_\mathrm{m} - b} - \frac{a}{V_\mathrm{m}^2} \tag{4-1-1}$$

式中,a 与 b 是与气体种类有关的常数,称为范德瓦尔常数,根据实验数据确定;$\dfrac{a}{V_\mathrm{m}^2}$ 常被称为内压力。

将范德瓦尔方程按 V_m 的降幂次排列,可写成

$$pV_\mathrm{m}^3 - (bp + RT)V_\mathrm{m}^2 + aV_\mathrm{m} - ab = 0$$

以 T 为参变量可以得到在各种定温条件下 p 与 V_m 的关系曲线,如图 4-1-3 所示。从图中可见,随着 T 不同 $p - V_\mathrm{m}$ 曲线有三种类型。第一种是当温度高于某一特定温度(临界温度)时,p-V_m 曲线接近于理想气体的定温双曲线。对于每一个 p,有一个 V_m 值,即只有一个实根(两个虚根)。第二种是当温度等于某一特定温度(临界温度)时,定温线如图 ACB 所示,在 C 点处曲线出现驻点(也是拐点),称之为临界状态(或临界点),临界状态工质的压力、温度和摩尔体积等分别称为临界压力、临界温度和临界摩尔体积,用符号 p_cr、T_cr 及 $V_\mathrm{m,cr}$ 表示,显然在此处对应 p_cr 可以得到三个相等的实根 $V_\mathrm{m,cr}$,通过临界点 C 的定温线称为临界定温线。第三种是当温度低于临界温度时,定温线如图 $DPMONQE$ 所示,与一个压力值对应的有三个 V_m 值,并出现两个驻点 M 和 N。显然临界点 C 的 p_cr 和 V_m 有关系式

$$\left(\frac{\partial p}{\partial V_\mathrm{m}}\right)_{T_\mathrm{cr}} = 0, \quad \left(\frac{\partial^2 p}{\partial V_\mathrm{m}^2}\right)_{T_\mathrm{cr}} = 0$$

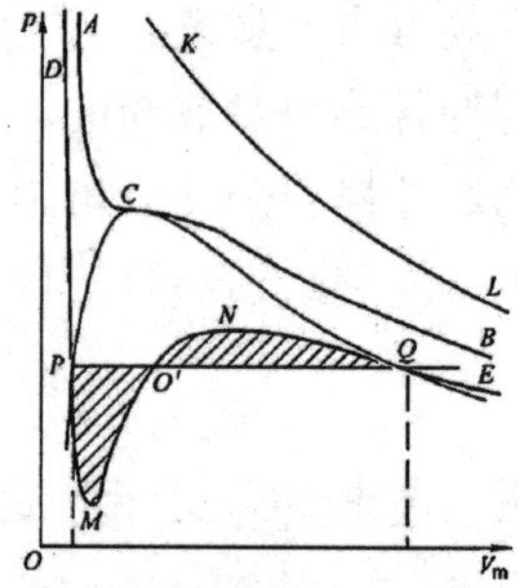

图 4-1-3 符合范德瓦尔方程的定温线

利用某种实际气体如 CO_2 进行实验,发现当温度高于或等于临界温度 304K 时,得到的结果与上述曲线符合较好,当温度高于临界温度时压力再高,也不会发生气体液化的相变;当温度等于临界温度时,随着压力的升高在临界状态点 C 发生从气态到液态的连续相变;当温度低于临界温度时,实验结果与上述曲线有较大偏差,随着压力的升高,定温曲线不再是如图 $EQNOMPD$ 所示的曲线,而是在点 Q 开始出现气态到液态的凝结相变,曲线是一段水平线直到点 P 全部液化为液体。

将范德瓦尔方程式(4-1-1)求导后代入以上关系可得

$$\left(\frac{\partial p}{\partial V_m}\right)_{T_{cr}} = -\frac{RT_{cr}}{(V_{m,cr} - b)^2} + \frac{2a}{V_{m,cr}^3} = 0$$

$$\left(\frac{\partial^2 p}{\partial V_m^2}\right)_{T_{cr}} = \frac{2RT_{cr}}{(V_{m,cr} - b)^3} - \frac{6a}{V_{m,cr}^4} = 0$$

联立求解上述两式得

$$p_{cr} = \frac{a}{27b^2}, \quad T_{cr} = \frac{8a}{27Rb}, \quad V_{m,cr} = 3b$$

$$a = \frac{27(RT_{cr})^2}{64p_{cr}}, \quad b = \frac{RT_{cr}}{8p_{cr}}, \quad R = \frac{8p_{cr}V_{m,cr}}{3T_{cr}}$$

因此气体的范德瓦尔常数 a 和 b 既可以根据气体的实验数据用曲线拟合法确定,也可由实测的临界压力 p_{cr} 和临界温度 T_{cr} 的值计算。一些物质的临界参数和由实验数据拟合得到的范德瓦尔常数见表 4-1-2。

表 4-1-2 临界参数和范德瓦尔常数

物质	T_{cr}/K	p_{cr}/MPa	$V_{m,cr} \times 10^3/$ (m^3/mol)	$a \times 10^{-6}/$ $(MPa \cdot m^3/mol)^2$	$b \times 10^{-3}/$ (m^3/mol)
空气	133	3.77	0.0829	0.1358	0.0364
一氧化碳	133	3.50	0.0928	0.1463	0.0394
正丁烷	425.2	3.80	0.257	1.380	0.1196
氟利昂 12	385	4.01	0.214	1.078	0.0998
甲烷	190.7	4.64	0.0991	0.2285	0.0427
氮	126.2	3.39	0.0897	0.1361	0.0385
乙烷	305.4	4.88	0.221	0.5575	0.0650
丙烷	370	4.27	0.195	0.9315	0.0900
二氧化碳	431	7.87	0.124	0.6837	0.0568

范德瓦尔状态方程是半理论半经验的状态方程,它虽较好地、定性地描述了实际气体的基本特性,但是在定量上不够准确,不宜作为定量计算的基础。后人在此基础上提出了许多种派生的状态方程。其中一些具有很高定量计算的实用价值。

(二)R-K 方程

R-K(Redlich-Kwong,雷德利希 - 邝氏)方程是 1949 年提出的近代最成功的两个常数的方

程之一,它有较高的精度,且应用简便,对于气液相平衡和混合物的计算十分成功,具有广泛的应用价值。其表达形式为

$$p = \frac{RT}{V_m - b} - \frac{a}{T^{0.5} V_m (V_m + b)} \qquad (4\text{-}1\text{-}2)$$

式中,a 和 b 是各种物质的固有的常数,可从 p、V_m、T 的实验数据拟合求得,缺乏这些数据时也可由下式用临界参数求取,即

$$a = \frac{0.427480 R^2 T_{cr}^{2.5}}{P_{cr}}, \quad b = \frac{0.08664 R T_{cr}}{P_{cr}}$$

1972 年出现了对 R-K 方程进行修正的 R-K-S 方程,1976 年又出现 P-R 方程。这些方程拓展了 R-K 方程的适用范围。

在二常数方程不断发展的同时,半经验的多常数状态方程也不断出现,如:1940 年由 Benedict、Webb、Rubin 提出的 B-W-R 方程;1955 年由马丁(Martin)和我国学者侯虞均提出,1959 年由马丁及 1981 年由侯虞均进一步完善的 M-H 方程。

三、对应态原理与通用压缩因子图

实际气体的状态方程包含有与物质固有性质有关的常数,这些常数多数需根据气体的 p、v、T 实验数据进行曲线拟合才能得到。当气体没有系列的方程常数可资利用,又缺乏系统的实验数据时,就必须采用近似的通用方法来计算气体的热力性质。

(一) 对应态原理

对各种流体的实验数据进行分析发现,所有流体在接近临界状态时都显示出相似的性质,因此产生了用相对于临界参数的对比值代替压力、温度和比体积的绝对值,建立通用关系式的想法。这样的对比值称为对比参数,分别被定义为对比压力 p_r、对比温度 T_r、对比比体积 v_r,有

$$p_r = \frac{p}{p_{cr}}, \quad T_r = \frac{T}{T_{cr}}, \quad v_r = \frac{v}{v_{cr}}$$

下面以范德瓦尔方程为例说明对应态原理。

将对比参数代入范德瓦尔方程,并考虑到用临界参数表示物性常数 a 和 b 的关系可导得

$$\left(p_r + \frac{3}{v_r^2} \right) (3v_r - 1) = 8T_r \qquad (4\text{-}1\text{-}3)$$

式(4-1-3)称为范德瓦尔对应态方程。方程中没有任何与物质固有特性有关的常数,所以是通用的状态方程式,适用于任何符合范德瓦尔方程的物质。

从范德瓦尔对应态方程可以得出:虽然在相同的压力与温度下,不同气体的比体积是不同的,但是只要它们的 p_r 和 T_r 分别相同,则它们的 v_r 必定相同,这就是所谓的对应态原理或对比态原理,说明各种气体在对应状态下有相同的对比性质。数学上,对应态原理可以表示为

$$f(p_r, T_r, v_r) = 0 \qquad (4\text{-}1\text{-}4)$$

上式虽然是根据二常数的范德瓦尔方程导出的,但可以近似地推广到一般的实际气体状态方程。对不同流体的试验数据的详细研究表明,对应态原理并不是十分精确,但大致是正确的。

因此可以在缺乏资料的情况下,借助某一具有详细资料的参考流体的热力性质来估算其他流体的热力性质。

(二) 压缩因子

由理想气体的状态方程式 $pv = R_gT$,可得出 $\dfrac{pv}{R_gT} = 1$。因而,对于理想气体,$\dfrac{pv}{R_gT}$ 是常数。但实际气体并不符合这样的规律,尤其在高压低温下偏差更大。

实际气体的这种偏离通常采用压缩因子或压缩系数 Z 表示:

$$Z = \frac{pv}{R_gT} = \frac{pV_m}{RT} \quad \text{或} \quad pV_m = ZRT \tag{4-1-5}$$

式中,V_m 为摩尔体积,单位是 m^3/mol。

显然,理想气体的 Z 恒等于 1,实际气体的 Z 可以大于 1,也可以小于 1。Z 值偏离 1 的大小,反映了实际气体对理想气体性质的偏离程度,Z 值的大小不仅和气体的种类有关,而且同种气体的 Z 值还随压力和温度而变化。因而,Z 是状态的函数。

为了便于理解压缩因子 Z 的物理意义,将式(4-1-5) 改写为

$$Z = \frac{pv}{R_gT} = \frac{v}{R_gT/p} = \frac{v}{v_i} \tag{4-1-6}$$

式中 ,v 是实际气体在 p、T 时的比体积;v_i 则是在相同的 p、T 下把实际气体当作理想气体时的比体积。因而压缩因子 Z 即为温度、压力相同时的实际气体比体积与理想气体比体积之比。

利用压缩因子表示的状态方程计算实际气体的基本状态参数,既可以保留理想气体状态方程的基本形式,又可以得到满意的结果。

(三) 通用压缩因子图

利用压缩因子表示的状态方程计算实际气体的基本状态参数关键在于获得压缩因子 Z。然而 Z 值不仅随气体种类而且随其状态(p、T) 而异,故每种气体应有不同的 $Z = f(p,T)$ 曲线。对于缺乏资料的流体,可采用通用压缩因子图。

由压缩因子 Z 和临界压缩因子 Z_{cr} 的定义可得

$$\frac{Z}{Z_{cr}} = \frac{pV_m/(RT)}{p_{cr}V_{m,cr}/(RT_{cr})} = \frac{p_rv_r}{T_r}$$

根据对应态原理,上式可改写成

$$Z = Z_{cr}\varphi(p_r,T_r)$$

若 Z_{cr} 的数值取一定值,则可进一步简化成

$$Z = f(p_r,T_r) \tag{4-1-7}$$

上式为绘制通用压缩因子图提供了理论基础,大多数气体临界压缩因子 Z_{cr} 的值在 0.23 ~ 0.33 之间,取平均值 $Z_{cr} = 0.27$ 绘制的通用压缩因子图如图 4-1-4 所示。

通用压缩因子图的精度虽然比范德瓦尔方程高,但仍是近似的,为提高其计算精度,可以采用专用压缩因子图,或引入第三参数,如临界压缩因子 Z_{cr} 和偏心因子 ω,感兴趣的读者可参

阅有关文献。

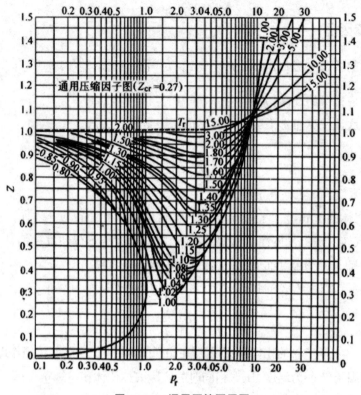

图 4-1-4 通用压缩因子图

四、麦克斯韦关系式与热系数

实际气体的比热力学能 u、比焓 h 和比熵 s 等无法直接测量,也不能利用理想气体的简单关系计算。它们的值必须根据它们与可测参数的一般函数关系加以确定。这些关系常以偏微分的形式表示,称为热力学一般关系式(或热力学微分关系式)。热力学一般关系式是根据热力学第一定律、热力学第二定律和二元函数的一些数学关系推导得到的。所以下面先对二元函数的一些数学关系作简要回顾,然后再导出麦克斯韦关系。

(一)恰当微分条件和循环关系

如果状态参数 z 表示为另外两个独立参数 x、y 的函数 $z = z(x,y)$,由于状态参数只是状态的函数,故其无穷小的变化量可以用函数的全微分表示,即

$$dz = \left(\frac{\partial z}{\partial x}\right)_y dx + \left(\frac{\partial z}{\partial y}\right)_x dy \tag{4-1-8a}$$

或

$$dz = Mdx + Ndy \tag{4-1-8b}$$

其中,$M = \left(\frac{\partial z}{\partial x}\right)_y$,$N = \left(\frac{\partial z}{\partial y}\right)_x$,并且若 M 和 N 也是 x,y 的连续函数,则

$$\left(\frac{\partial M}{\partial y}\right)_x = \frac{\partial^2 z}{\partial x \partial y}, \quad \left(\frac{\partial N}{\partial x}\right)_y = \frac{\partial^2 z}{\partial y \partial x}$$

当二阶混合偏导数均连续时,其混合偏导数与求导次序无关,所以

$$\left(\frac{\partial M}{\partial y}\right)_x = \left(\frac{\partial N}{\partial x}\right)_y \tag{4-1-9}$$

上式即为恰当微分的条件,也叫做恰当微分的判据,简单可压缩系的每个状态参数都必须满足这一条件。在 z 保持不变($dz = 0$) 的条件下,式(4-1-8a) 可以写成

$$\left(\frac{\partial z}{\partial x}\right)_y dx + \left(\frac{\partial z}{\partial y}\right)_x dy = 0$$

上式两边除以 dy 后,移项整理可得

$$\left(\frac{\partial x}{\partial y}\right)_z \left(\frac{\partial z}{\partial x}\right)_y \left(\frac{\partial y}{\partial z}\right)_x = -1 \tag{4-1-10}$$

上式称为循环关系,利用它可以把一些变量转换成指定的变量。

另一个联系各状态参数偏导数的重要关系式是链式关系。如果有 4 个参数 x、y、z、ω,独立变量 2 个,则对于函数 $x = x(y,\omega)$ 可得

$$dx = \left(\frac{\partial x}{\partial y}\right)_\omega dy + \left(\frac{\partial x}{\partial \omega}\right)_y d\omega \tag{a}$$

对于函数 $y = y(z,\omega)$ 可得

$$dy = \left(\frac{\partial y}{\partial z}\right)_\omega dz + \left(\frac{\partial y}{\partial \omega}\right)_z d\omega \tag{b}$$

将式(b) 代入式(a),当 ω 取定值($d\omega = 0$) 时即可得到链式关系

$$\left(\frac{\partial x}{\partial y}\right)_\omega \left(\frac{\partial y}{\partial z}\right)_\omega \left(\frac{\partial y}{\partial x}\right)_\omega = 1 \tag{4-1-11}$$

(二) 亥姆霍兹函数和吉布斯函数

根据热力学第一定律解析式,在简单可压缩系的微元过程中

$$\delta q = du + \delta \omega$$

若过程可逆,则 $\delta q = Tds$,所以上式可以写成

$$du = Tds - pdv \tag{4-1-12}$$

考虑到 $u = h - pv$,代入上式并整理可得

$$dh = Tds + vdp \tag{4-1-13}$$

定义亥姆霍兹函数 F 和比亥姆霍兹函数 f,即

$$F = U - TS \tag{4-1-14a}$$

$$f = u - Ts \tag{4-1-14b}$$

因为 U、T、S 均为状态参数,所以 F 也是状态函数。亥姆霍兹函数的单位与热力学能的单位相同。

定义吉布斯函数 G 和比吉布斯函数 g,即

$$G = H - TS \tag{4-1-15a}$$

$$g = h - Ts \tag{4-1-15b}$$

吉布斯函数也是状态参数。其单位与焓的单位相同。

对式(4-1-14b)和式(4-1-15b)分别进行微分,得

$$df = du - Tds - sdT \qquad (c)$$

$$dg = dh - Tds - sdT \qquad (d)$$

把式(4-1-12)、式(4-1-13)分别代入式(c)及式(d),得

$$df = -sdT - pdv \qquad (4\text{-}1\text{-}16)$$

$$dg = -sdT + vdp \qquad (4\text{-}1\text{-}17)$$

亥姆霍兹函数和吉布斯函数在相平衡和化学反应过程中有很大的用处。

式(4-1-12)、式(4-1-13)、式(4-1-16)和式(4-1-17)是由热力学第一定律和热力学第二定律直接导得的,它们将简单可压缩系平衡状态各参数的变化联系了起来,在热力学中具有重要的作用,通常称为吉布斯方程。

(三)麦克斯韦关系式

对上述式(4-1-12)、式(4-1-13)、式(4-1-16)和式(4-1-17)应用恰当微分条件,可以导出非基本状态参数和基本状态参数间的重要关系 —— 麦克斯书关系。

由恰当微分条件,对于热力学函数式 $z = z(x,y)$ 及 $dz = Mdx + Ndy$ 必有

$$\left(\frac{\partial M}{\partial y}\right)_x = \left(\frac{\partial N}{\partial x}\right)_y$$

所以

(1) $du = Tds - pdv$,有

$$\left(\frac{\partial T}{\partial v}\right)_s = -\left(\frac{\partial p}{\partial s}\right)_v \qquad (4\text{-}1\text{-}18)$$

(2) $dh = Tds + vdp$,有

$$\left(\frac{\partial T}{\partial p}\right)_s = -\left(\frac{\partial v}{\partial s}\right)_p \qquad (4\text{-}1\text{-}19)$$

(3) $df = -sdT - pdv$,有

$$\left(\frac{\partial p}{\partial T}\right)_v = \left(\frac{\partial s}{\partial v}\right)_T \qquad (4\text{-}1\text{-}20)$$

(4) $dg = -sdT + vdp$,有

$$\left(\frac{\partial v}{\partial T}\right)_p = -\left(\frac{\partial s}{\partial p}\right)_T \qquad (4\text{-}1\text{-}21)$$

以上4式即为麦克斯韦关系。它给出不可测的熵参数与容易测得的参数 p、v、T 之间的微分关系,是推导熵、热力学能、焓及比热容的热力学一般关系式的基础。

由吉布斯方程,对照全微分表达式(4-1-8a)还可以导出以下8个有用的关系,它们把状态参数的偏导数与常用状态参数联系起来,即

$$\left(\frac{\partial u}{\partial s}\right)_v = T, \quad \left(\frac{\partial u}{\partial v}\right)_s = -p, \quad \left(\frac{\partial h}{\partial s}\right)_p = T, \quad \left(\frac{\partial h}{\partial p}\right)_s = v$$

$$\left(\frac{\partial f}{\partial v}\right)_T = -p, \quad \left(\frac{\partial f}{\partial T}\right)_v = -s, \quad \left(\frac{\partial g}{\partial p}\right)_T = v, \quad \left(\frac{\partial g}{\partial T}\right)_p = -s$$

（四）热系数

在众多偏导数中,下面 3 个由状态参数 p、v、T 构成的偏导数 $\left(\dfrac{\partial v}{\partial T}\right)_p$、$\left(\dfrac{\partial v}{\partial p}\right)_T$ 和 $\left(\dfrac{\partial p}{\partial T}\right)_v$ 有着特定的物理意义。

定义

$$\alpha_V = \frac{1}{v}\left(\frac{\partial v}{\partial T}\right)_p \tag{4-1-22}$$

称为体膨胀系数,单位为 K^{-1},表示物质在定压下比体积随温度的变化率。

定义

$$\kappa_T = -\frac{1}{v}\left(\frac{\partial v}{\partial p}\right)_T \tag{4-1-23}$$

称为等温压缩率,单位为 Pa^{-1},表示物质在定温下比体积随压力的变化率。

定义

$$\alpha_p = -\frac{1}{p}\left(\frac{\partial p}{\partial T}\right)_v \tag{4-1-24}$$

称为相对压力系数,单位为 K^{-1},表示物质在定比体积下压力随温度的变化率。

上述 3 个系数统称为热系数,它们可以由实验测定,也可以由状态方程求得。它们之间的关系可由循环关系导出。因为

$$\left(\frac{\partial v}{\partial T}\right)_p\left(\frac{\partial T}{\partial p}\right)_v\left(\frac{\partial p}{\partial v}\right)_T = -1$$

所以

$$\left(\frac{\partial v}{\partial T}\right)_p = -\left(\frac{\partial p}{\partial T}\right)_v\left(\frac{\partial v}{\partial p}\right)_T$$

即

$$\frac{1}{v}\left(\frac{\partial v}{\partial T}\right)_p = -p\,\frac{1}{p}\left(\frac{\partial p}{\partial T}\right)_v\,\frac{1}{v}\left(\frac{\partial v}{\partial p}\right)_T$$

所以 3 个热系数之间有

$$\alpha_V = p\alpha_p\kappa_T \tag{4-1-25}$$

除上述 3 个热系数外,常用的偏导数还有等熵压缩率和焦耳 - 汤姆逊系数。等熵压缩率 κ_s,表征在可逆绝热过程中膨胀或压缩时体积的变化特性,定义为

$$\kappa_s = -\frac{1}{v}\left(\frac{\partial v}{\partial p}\right)_s \tag{4-1-26}$$

单位为 Pa^{-1}。

根据实验测定热系数,然后再积分求取状态方程式也是由实验得出气体状态方程式的一种基本方法。

五、热力学能、焓和熵的一般关系式

实际气体的比热力学能 u、比熵 s、比焓 h 可以根据麦克斯韦关系推导得到它们与状态方程和比热容的一般关系式,进而可以进行比热力学能 u、比熵 s、比焓 h 的计算。

（一）熵的一般关系式

如果取 T、v 为独立变量,即 $s = s(T,v)$,则

$$\mathrm{d}s = \left(\frac{\partial s}{\partial T}\right)_v\mathrm{d}T + \left(\frac{\partial s}{\partial v}\right)_T\mathrm{d}v$$

根据麦克斯韦关系

$$\left(\frac{\partial s}{\partial v}\right)_T = \left(\frac{\partial p}{\partial T}\right)_v$$

又根据链式关系及比热容定义

$$\left(\frac{\partial s}{\partial T}\right)_v \left(\frac{\partial T}{\partial u}\right)_v \left(\frac{\partial u}{\partial s}\right)_v = 1$$

$$\left(\frac{\partial s}{\partial T}\right)_v = \frac{\left(\frac{\partial u}{\partial T}\right)_v}{\left(\frac{\partial u}{\partial s}\right)_v} = \frac{c_V}{T}$$

得
$$ds = \frac{c_V}{T}dT + \left(\frac{\partial p}{\partial T}\right)_v dv \tag{4-1-27}$$

式(4-1-27)被称为第一熵方程。已知物质的状态方程及比定容热容,对式(4-1-27)积分即可求取某过程的熵变 Δs。

若以 T、p 为独立变量,则

$$ds = \left(\frac{\partial s}{\partial T}\right)_p dT + \left(\frac{\partial s}{\partial p}\right)_T dp$$

因
$$\left(\frac{\partial s}{\partial p}\right)_T = \left(\frac{\partial v}{\partial T}\right)_p, \quad \left(\frac{\partial s}{\partial T}\right)_p = \frac{\left(\frac{\partial h}{\partial T}\right)_p}{\left(\frac{\partial h}{\partial s}\right)_p} = \frac{c_p}{T}$$

故可得第二熵方程

$$ds = \frac{c_p}{T}dT - \left(\frac{\partial v}{\partial T}\right)_p dp \tag{4-1-28}$$

类似地可以得到以 p、v 为独立变量的第三熵方程:

$$ds = \frac{c_v}{T}\left(\frac{\partial T}{\partial p}\right)_v dp + \frac{c_p}{T}\left(\frac{\partial T}{\partial v}\right)_p dv \tag{4-1-29}$$

熵的三个方程可用于任何物质,当然也可以用于理想气体,这是由于 ds 导出过程中没有对工质作任何假定。

(二)热力学能的一般关系式

取 T、v 为独立变量,即 $u = u(s,v)$,即

$$du = Tds - pdv$$

将第一熵方程代入上式可得

$$du = c_v dT + \left[T\left(\frac{\partial p}{\partial T}\right)_v - p\right]dv \tag{4-1-30}$$

上式被称为第一热力学能方程。若将第二熵方程、第三熵方程代入式(4-1-12),则可得到以 T、p 和 p、v 为独立变量的第二、第三热力学能的微分关系式。但相比之下,第一热力学能方程形式较简单,计算较方便,应用也较为广泛,所以这里对另外两个热力学能的微分式不作详细介绍。对 du 方程积分即可求取热力学能在过程中的变化量 Δu。

（三）焓的一般关系式

与导得 du 方程相同，通过把 ds 方程代入

$$dh = Tds + vdp$$

可以得到相应的焓方程。其中最常用的是以 T、p 为独立变量的焓方程：

$$dh = c_p dT + \left[v - T\left(\frac{\partial v}{\partial T} \right)_p \right] dp \tag{4-1-31}$$

另两个焓方程请读者自行推导。

同样通过积分可求取过程中焓的变化量 Δh。

第二节　比热容的一般关系式

从上面的分析可知，熵、热力学能和焓的微分关系式中均含有比定压热容 c_p 或比定容热容 c_V，因此需要导出 c_p-c_V 的一般关系式。另外，若能导出 c_p-c_V 的一般关系式，则可由 c_p 的实验数据计算 c_V，或由 c_V 的实验数据计算 c_p。此外，根据实验数据得到的 c_p 的一般关系式还可用来导出状态方程，因此比热容的一般关系式十分重要。

一、比热容与基本状态参数的关系

根据第二熵方程

$$ds = \frac{c_p}{T}dT - \left(\frac{\partial v}{\partial T} \right)_p dp$$

由全微分的性质，可得

$$\left(\frac{\partial c_p}{\partial p} \right)_T = -T\left(\frac{\partial^2 v}{\partial T^2} \right)_p \tag{4-2-1}$$

同理，根据第一熵方程可以得到

$$\left(\frac{\partial c_V}{\partial v} \right)_T = T\left(\frac{\partial^2 p}{\partial T^2} \right)_v \tag{4-2-2}$$

式(4-2-1)、式(4-2-2)建立了定温条件下 c_p 与 c_V 随压力及体积的变化与状态方程式的关系。这种关系十分有用，例如，由式(4-2-1)积分可得

$$c_p - c_{p_0} = -T\int_{p_0}^{p} \left(\frac{\partial^2 v}{\partial T^2} \right)_p dp$$

式中，c_{p_0} 是压力 p_0 下的比定压热容。

当 p_0 足够低时，c_{p_0} 就是气体作为理想气体时的比定压热容。因此只需按状态方程求出 $\left(\frac{\partial^2 v}{\partial T^2} \right)_p$，然后由 p_0 到 p 积分，就可求任意压力下的 c_p 值，而无需实验测定。

二、比定压热容与比定容热容的关系

比热容通常是根据实验确定的，鉴于比定压热容 c_p 与比定容热容 c_V 有一定的关系，因此

在实验时仅需测定 c_p 或 c_V，另一个则由二者的一定关系进行计算。下面建立二者的一般关系式。

比较第一熵方程(4-1-27)和第二熵方程(4-1-28)可得

$$c_p \mathrm{d}T - T\left(\frac{\partial v}{\partial T}\right)_p \mathrm{d}p = c_V \mathrm{d}T + T\left(\frac{\partial p}{\partial T}\right)_v \mathrm{d}v$$

故

$$\mathrm{d}T = \frac{T\left(\dfrac{\partial v}{\partial T}\right)_p \mathrm{d}p}{c_p - c_V} + \frac{T\left(\dfrac{\partial p}{\partial T}\right)_v \mathrm{d}v}{c_p - c_V}$$

由 $T = T(v, p)$ 得

$$\mathrm{d}T = \left(\frac{\partial T}{\partial v}\right)_p \mathrm{d}v + \left(\frac{\partial T}{\partial p}\right)_v \mathrm{d}p$$

比较两式得

$$\left(\frac{\partial T}{\partial v}\right)_p = \frac{T\left(\dfrac{\partial p}{\partial T}\right)_v}{c_p - c_V}, \quad \left(\frac{\partial T}{\partial p}\right)_v = \frac{T\left(\dfrac{\partial v}{\partial T}\right)_p}{c_p - c_V}$$

因此

$$c_p - c_V = T\left(\frac{\partial p}{\partial T}\right)_v \left(\frac{\partial v}{\partial T}\right)_p \tag{4-2-3}$$

根据循环关系

$$\left(\frac{\partial p}{\partial T}\right)_v = -\left(\frac{\partial v}{\partial T}\right)_p \left(\frac{\partial p}{\partial v}\right)_T$$

所以

$$c_p - c_V = -T\left(\frac{\partial p}{\partial v}\right)_T \left(\frac{\partial v}{\partial T}\right)_p^2 = Tv\frac{\alpha_V^2}{\kappa_T} \tag{4-2-4}$$

式(4-2-3)和式(4-2-4)表明：

(1) $c_p - c_V$ 取决于状态方程,只要有了状态方程或热系数就可以求之。

(2)由于 T、v、κ_T 恒为正,且 α_V^2 大于或等于零,故 $c_p - c_V$ 恒大于或等于零,说明工质的 $c_p \geqslant c_V$。

(3)由于液体和固体的体膨胀系数 α_V 与比体积都很小,故在一般温度下 $c_p \approx c_V$,因此,在实际工程中对于液体和固体通常不区分 c_p 和 c_V。

第五章　蒸气气体

第一节　蒸气发生过程

一、定压下水蒸气的发生过程

为了阐明水蒸气的热力性质及计算特点,有必要对定压下水蒸气的发生过程进行分析研究。事实上,工业生产中所用的水蒸气一般也都是在定压下(如锅炉中的水蒸气)产生的。

为了说明方便起见,假设定量(如 1kg)的水在如图 5-1-1 所示的汽缸内进行定压加热,调节活塞上的砝码可改变水的压力。定压下水蒸气的发生过程可分三个阶段。

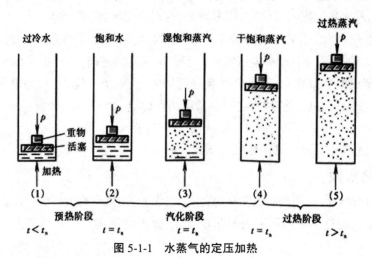

图 5-1-1　水蒸气的定压加热

(一)液体加热阶段(预热阶段)

假定水开始处于压力为 0.1MPa、温度为 0.01℃的状态,在如图 5-1-2 所示的 p-v 图和 T-s 图上用 1° 表示。在维持压力不变的条件下,随着外界的加热,水的体积稍有膨胀,比体积略有增大,水的熵吸热而增大。当水温升至 99.634℃时,若继续加热,水就会沸腾而产生蒸汽。此沸腾温度称为饱和温度 t_s。处于饱和温度的水称为饱和水(其他工质则称为饱和液,以下类同),对其除压力和温度外的状态参数均加一上标"′",以示和其他状态的区别,如 h'、v' 和 s' 等。低于饱和温度的水称为未饱和水(或过冷水)。单位质量 0.01℃的未饱和水加热到饱和水所需的热量称为液体热,用 q_1 表示。根据热力学第一定律有

$$q_1 = h' - h_0 \tag{5-1-1}$$

式中,h_0 为 0.01℃未饱和水的比焓。

在 $T\text{-}s$ 图上,从 0.01℃的未饱和水状态 $1°$ 定压加热到饱和水状态 $1'$ 的过程线如图 5-1-2b 所示,q_1 可用 $1°$—$1'$ 下的阴影面积表示。

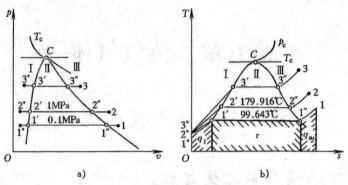

图 5-1-2 蒸气的定压发生过程

(二)汽化阶段

在维持压力不变的条件下,对饱和水继续加热,水开始沸腾发生相变而产生蒸汽。沸腾时温度保持不变,仍为饱和温度 t_s。在这个水的液-汽相变过程中,所经历的状态是液、汽两相共存的状态,称为湿饱和蒸汽(其他工质称为湿饱和蒸气,以下类同),简称为湿蒸汽,如图 5-1-1 所示的(3)。随着加热过程的继续,水逐渐减少,蒸汽逐渐增加,直至水全部变为蒸汽 $1''$,称为干饱和蒸汽或饱和蒸汽。类似于饱和水状态,对于饱和蒸汽,状态参数除压力、温度外均加一上标"″",如 v''、h'' 和 s'' 等。饱和水定压加热为干饱和蒸汽的过程,虽然工质的压力、温度不变,比体积却随着蒸汽增多而增大,熵值也因吸热而增大,故这个过程在图 5-1-2 所示的 $p\text{-}v$ 图和 $T\text{-}s$ 图上是水平线段 $1'$—$1''$。该过程的吸热量称为汽化热,用 r 表示,则有

$$r=h''-h' \quad 或 \quad r=T_s(s''-s') \tag{5-1-2}$$

此热量在 $T\text{-}s$ 图上为 $1'$—$1''$ 下带阴影线的面积。

(三)过热阶段

对饱和蒸汽继续加热,蒸汽的温度升高,比体积增大、熵值也增大,如图 5-1-2 所示的 $1''$—1。由于此阶段的蒸汽温度高于同压下的饱和温度,故称为过热蒸汽。过热蒸汽的温度与同压下的饱和温度之差

$$D=t-t_s \tag{5-1-3}$$

称为过热度。在这一阶段所吸收的热量称为过热热 q_{su}

$$q_{su}=h-h'' \tag{5-1-4}$$

式中,h 为过热蒸汽的比焓。

在 $T\text{-}s$ 图上过程线 $1''$—1 下方有阴影线的面积即为 q_{su}。

如果改变压力 p,例如将压力提高,再次考察水在定压下的蒸汽发生过程,可以得到类似上述过程的三个阶段。图 5-1-2 中的 $2°$—$2'$—$2''$—2 是对应 $p=1\text{MPa}$ 的定压下蒸汽的发生过程曲线。虽然三个阶段类似,但其饱和温度却随着压力提高而提高。对应 1MPa 的饱和温度不再是 99.634℃,而是 179.916℃。压力一定,饱和温度一定;反之亦然,二者一一对应。对应饱和温度的压力称为饱和压力,用 p_s,表示,则有

$$t_s = t_s(p_s) \qquad \text{和} \qquad p_s = p_s(t_s) \tag{5-1-5}$$

提高压力后定压下的蒸汽发生过程,除饱和温度提高外,其汽化阶段的$(v''-v')$和$(s''-s')$值减小,因此,汽化热值会随压力提高而减小。当压力提高到22.064MPa时,$t_s = 373.99℃$,此时$v'' = v'$,$s'' = s'$,即饱和水和饱和蒸汽不再有区别,成为一个状态点,称为临界状态或临界点,如图5-1-2中C所示。临界状态的参数称为临界状态参数,如临界压力p_{cr}、临界温度t_{cr}和临界比体积v_{cr}等。临界状态的出现说明,当压力提高到临界压力时,汽化过程不再存在两相共存的湿蒸汽状态,而是在温度达到临界温度t时,液体连续地由液态变为汽态,即汽化过程缩短为一点,汽化在一瞬间完成。如果继续提高压力,只要压力大于临界压力,汽化过程均和临界压力下的一样,即汽化过程不存在两相共存的湿蒸汽状态,而且都在温度达到临界温度t_{cr}时,液体连续地由液态变为汽态。由此可知,只要工质的温度t大于临界温度t_{cr},不论压力多大,其状态均为气态;也就是说,当$t>t_{cr}$时,保持温度不变,无论p多大也不能使气体液化,因此,又常将$t>t_{cr}$的气体称为永久气体。

连接$p\text{-}v$图和$T\text{-}s$图上不同压力下的饱和水状态$1'$、$2'$、$3'$…和临界点C所得曲线称为饱和水线(或下界线);连接图上不同压力下的干饱和蒸汽状态$1''$、$2''$、$3''$…和临界点所得曲线称为饱和蒸汽线(或上界线)。两线合在一起称为饱和线。饱和线将$p\text{-}v$图和$T\text{-}s$图分成三个域:未饱和水区(下界线左侧)、湿蒸汽区(又称两相区或饱和区,上下界线之间)和过热蒸汽区(上界线右侧)。位于三区和二线上的水和水蒸气呈现五种状态:未饱和水、饱和水、湿蒸汽、干饱和蒸汽和过热蒸汽。

值得注意的是,湿蒸汽是饱和水和饱和蒸汽的混合物,不同饱和蒸汽含量(或饱和水含量)的湿蒸汽,虽然具有相同的压力(饱和压力)和温度(饱和温度),但其状态不同。为了说明混蒸汽中所含饱和蒸汽的含量,以确定湿蒸汽的状态,引入干度的概念。所谓干度x是指湿蒸汽中所含饱和蒸汽的质量分数,即

$$x = \frac{m_g}{m_f + m_g} \tag{5-1-6}$$

式中,m_g、m_f分别为湿蒸汽中饱和蒸汽和饱和水的质量。

显然,饱和水的干度$x=0$,干饱和蒸汽的干度$x=1$。

第二节 蒸气热力过程

蒸气热力过程分析、计算的目的和理想气体一样,在于实现预期的能量转换和获得预期的工质的热力状态。由于蒸气热力性质的复杂性,第四章叙述过的理想气体的状态方程和理想气体热力过程的解析公式均不能使用。蒸气热力过程的分析与计算只能利用热力学第一定律和热力学第二定律的基本方程,以及蒸气热力性质图表。其一般步骤如下:

(1)由已知初态的两个独立参数(如p、T),在蒸气热力性质图表上查算出其余各初态参数之值。

(2)根据过程特征(定压、定熵等)和终态的一已知参数(如终压或终温等),由蒸气热力性质图表查取终态状态参数值。

（3）由查算得到的初、终态参数，应用热力学第一定律和热力学第二定律的基本方程计算 q、$w(w_t)$、Δh、Δu 和 Δs_g 等。

在实际工程应用中，定压过程和绝热过程是蒸气的主要和典型的热力过程。

一、定压过程

蒸气的加热（如锅炉中水和水蒸气的加热）和冷却（如冷凝器中蒸气的冷却冷凝）过程，在忽略流动压损的条件下均可视为定压过程。对于定压过程，当过程可逆时有

$$w = \int_1^2 p\mathrm{d}v = p_1(v_2 - v_1)$$
$$q = \Delta h$$

二、绝热过程

蒸气的膨胀（如水蒸气经汽轮机膨胀对外做功）和压缩（如制冷压缩机中对制冷工质的压缩）过程，在忽略热交换的条件下可视为绝热过程，有

$$q = 0$$
$$w = -\Delta u$$
$$w_t = -\Delta h$$

在可逆条件下是定熵过程

$$\Delta s = 0$$

第三节　蒸气动力循环

动力循环是将热能转变为机械能的循环。按工质不同，动力循环可分为两类，即以水蒸气为工质的蒸汽动力循环和以混合气体（也称为燃气）为工质的燃气动力循环。它们的原动机分别是蒸汽机、汽轮机和内燃机、燃气轮机，下面将以蒸汽动力循环为例，根据热力学原理，从热功转换效果上分析循环的完善性，并讨论提高循环热效率的途径。

水蒸气是应用最早最广泛的动力循环工质。由于水和水蒸气本身不会燃烧，只能从外源吸收热量，所以蒸汽循环需要锅炉设备给它加热。蒸汽循环因燃料不在工质中燃烧，这样相对于在机体内部实施燃烧过程的内燃机，蒸汽动力装置又称为外燃式动力装置。蒸汽动力装置比较笨重，但便于使用固、液、气态各种燃料及核燃料，也便于利用太阳能、地热等资源。蒸汽机是最早的原动机，但由于其效率低、工作不连续、转矩不均匀等原因，已经逐渐被淘汰。汽轮机有结构紧凑、效率较高、转运均匀、运转平稳可靠、单机功率大等优点，在固定式动力装置中，汽轮机得到广泛应用。

一、朗肯循环及热效率

朗肯循环是在实际蒸汽动力循环的基础上经简化处理得到的最简单、最基本的理想蒸汽

动力循环,是研究其他复杂的蒸汽动力循环的基础。其装置原理图及 T-s 图如图5-3-1所示。一般蒸汽动力装置主要设备包括四部分:蒸汽锅炉、蒸汽轮机、凝汽器、水泵。朗肯循环由以下四个过程组成。

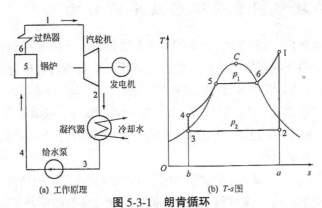

(a) 工作原理　　(b) T-s图

图 5-3-1　朗肯循环

1—2　绝热膨胀过程,过热蒸汽在汽轮机中进行绝热膨胀并对外做功。膨胀终了的状态2为低压下的湿蒸汽,称为乏汽。

2—3　定压定温放热过程。乏汽在凝汽器中定压定温对冷却水放热凝结为饱和水。

3—4　绝热压缩过程。水在给水泵中被绝热压缩,压力提高,进入锅炉。

4—5—6—1　定压加热过程。在锅炉中的水定压吸热,经预热过程4—5,汽化过程5—6,过热过程6—1最后成为过热蒸汽。

忽略不可逆因素,可将上述循环表示在 T-s 图上,如图5-3-1(b)所示。图中各状态点与图5-3-1(a)中各点相对应。

在朗肯循环中,每千克蒸汽对外所做的净功 w_0 应等于蒸汽流过汽轮机所做的功 $w_{s,t}$ 与给水在给水泵内被绝热压缩所消耗的功 $w_{s,p}$ 之差。根据稳定流动能量方程式

$$w_{s,t}=h_1-h_2,w_{s,p}=h_4-h_3$$

于是

$$w_0=(h_1-h_2)-(h_4-h_3)$$

锅炉(包括过热器)中每千克蒸汽的定压吸热量为

$$q_1=h_1-h_4$$

凝汽器中,每千克蒸汽的定压放热量为

$$q_2=h_2-h_3$$

注意,q_2 与 $w_{s,p}$ 均取其绝对值。

根据循环热效率的定义,可得朗肯循环的热效率为

$$\eta_t=\frac{w_0}{q_1}=\frac{(h_1-h_2)-(h_4-h_3)}{h_1-h_4} \tag{5-3-1}$$

由于给水泵消耗的功与汽轮机做的功相比甚小,一般情况下可忽略不计,即 $h_4-h_3\approx0$。于是式(5-3-1)可简化为

$$\eta_t=\frac{h_1-h_2}{h_1-h_4} \tag{5-3-2}$$

实际上由于水的不可压缩性,经水泵压缩后水的温度变化极小,在 T-s 图上点4与点3非

常接近，水的定压加热过程线 4—5 与下界线也非常接近。通常可认为点 4 与点 3 重合，朗肯循环在 $T\text{-}s$ 图上可表示为图 5-3-1(b)中的 1—2—3—5—6—1。

二、蒸汽参数对朗肯循环热效率的影响

朗肯循环热效率很低，实际上大、中型蒸汽动力装置均不直接采用朗肯循环，而是采用对朗肯循环加以改造后得到的实用循环。这些实用循环所采取的改进措施，是根据朗肯循环热效率分析得到的，所以研究蒸汽参数对朗肯循环热效率的影响十分重要。

蒸汽的初温和初压以及乏汽的终压确定后，整个朗肯循环也就确定了。蒸汽参数对朗肯循环热效率的影响，也就是指初温、初压和终压对朗肯循环热效率的影响。

1.蒸汽初温对热效率的影响

在相同的初压及终压下，提高蒸汽的初始温度可以使朗肯循环的热效率提高。如图 5-3-2 所示，保持初压 p_1 和终压 p_2 不变，将初温由 T_1 提高到 $T_{1'}$，则新的循环 1′—2′—3—4—5—6—1′ 与原循环 1—2—3—4—5—6—1 相比，输出循环净功增加（面积 1′2′211′），吸热量也增加（面积 1′a′a11′），但后者的增加比率小于前者，循环热效率必然提高。另外，提高蒸汽初温可使乏汽干度得以提高，即 $x_{2'}>x_2$，这对汽轮机的安全运行有利。

需要说明的是，蒸汽的最高温度受到装置材料耐热性的限制，在目前的火力发电厂中，最高初温一般在 550℃左右。

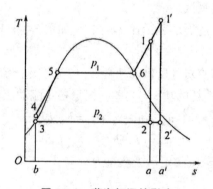

图 5-3-2 蒸汽初温的影响

2.蒸汽初压对热效率的影响

在相同的初温及终压下，提高蒸汽的初压 p_1 可以使朗肯循环的热效率提高。如图 5-3-3 所示，保持初温 T_1 和终压 p_2 不变，将初压提高到 $p_{1'}$，则新的循环 1′—2′—3—4′—5′—6′—1′ 与原循环 1—2—3—4—5—6—1 相比，输出循环净功增加不大（面积 1′6′5′4′456c1′ 与面积 122′c1 的差值），但吸热量有明显减少（面积 1aa′c1 与面积 1′6′5′4′456c1′ 的差值），其循环热效率有明显提高。但随蒸汽初压的提高，乏汽的干度将降低，即 $x_{2'}<x_2$。因而乏汽中所含水分增加，这将会冲击和腐蚀汽轮机最后几级叶片，同时使汽轮机内部摩擦损失增大，影响汽轮机安全运行和使用寿命。可见，单纯地提高初压弊大于利，如果在提高初压的同时提高初温，可以避免乏汽干度下降或下降太多。

3.乏汽压力的影响

在相同的初温及初压下,降低乏汽压力 p_2 可以使朗肯循环的热效率提高。如图5-3-4所示,保持初温 T_1 和初压 p_1 不变,将乏汽压力降低到 $p_{2'}$,则新的循环 1—2′—3′—4′—5—6—1 与原循环 1—2—3—4—5—6—1 相比,输出循环净功增加较大(面积 2344′3′2′2),吸热量增加很少(面积 4bb′4′4),其循环热效率有所提高。降低乏汽压力会使乏汽的干度减小,同时还受到冷源温度及凝汽器传热温差的限制,所以,乏汽压力不能随意降低。

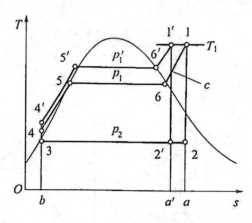

图5-3-3 蒸汽初压的影响

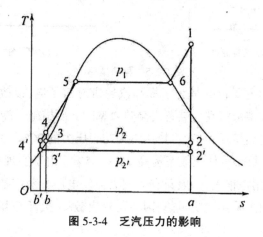

图5-3-4 乏汽压力的影响

三、提高蒸汽动力循环热效率的其他途径

初态参数的提高取决于金属材料耐高温高压的性能,同时要考虑设备投资和运行费用的增加;而降低终态参数又受环境温度的限制。为了提高蒸汽动力循环的热效率和改善运行效果,在朗肯循环的基础上,人们开发了一些较复杂的循环,如再热循环、回热循环和热电合供循环等。

1.采用再热循环

将汽轮机中膨胀到某中间压力的蒸汽又引回锅炉再热器中或其他换热设备,重新加热升温,然后送回汽轮机中继续膨胀做功,这就是再热循环。其装置原理图和理论循环 T-s 图如图

5-3-5 所示。显然只要选择适当的再热压力,就可增加高温段的吸热过程,使再热循环的平均吸热温度高于朗肯循环,从而提高循环的热效率。

在图 5-3-5 所示再热循环中,若忽略水泵所消耗的功量,其循环净功为

$$w_0 = (h_1 - h_a) + (h_b - h_2)$$

循环中总吸热量为

$$q_1 = (h_1 - h_3) + (h_b - h_a)$$

再热循环的热效率为

$$\eta_t = \frac{w_0}{q_1} = \frac{(h_1 - h_a) + (h_b - h_2)}{(h_1 - h_3) + (h_b - h_a)} \tag{5-3-3}$$

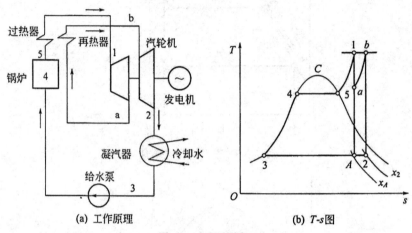

图 5-3-5　再热循环

最初采用再热循环的主要目的是为了提高汽轮机乏汽干度,以改善汽轮机的运行条件。现在实现再热已经成为大型蒸汽动力装置提高热效率的必要措施。高参数的大型现代蒸汽动力厂均毫无例外地采用再热循环,一般再热压力为初态压力的 20%~30%;再热温度等于初态温度,即 $t_b = t_1$。通常一次再热可使热效率提高 2%~3.5%。由于实现再热循环的实际设备和管路都比较复杂,投资费用也很大,一般只有大型火力发电厂且蒸汽初压 p_1 在 13MPa 以上时才采用。现代大型机组很少采用二次再热,因为再热次数增多,不仅增加设备费用,且给运行带来不便。

2.回热循环

回热循环是利用蒸汽的回热对水进行加热,消除朗肯循环中 4—5 段(见图 5-3-1)在较低温度下预热的不利影响,以提高热效率。如果利用蒸汽来加热给水,显然可以有效地提高平均吸热温度而使热效率提高。

工程上实际采用的蒸汽回热循环是分级抽汽吸热循环。即在不同压力下,从汽轮机中抽出部分已经在一定程度上做过功的蒸汽,分别在不同的回热器中加热给水,以提高给水温度,减少水在低温时从高温热源的吸热量。现代蒸汽动力循环中普遍采用了回热循环。

图 5-3-6 所示为一级抽汽蒸汽回热循环的原理图和理论循环的 T-s 图。1kg 压力为 p_1 的过热蒸汽进入汽轮机膨胀做功,当其压力降到 p_6 时,从汽轮机中抽出 αkg($\alpha<1$)蒸汽引入回热

加热器,凝结放热;其余$(1-\alpha)$kg 蒸汽在汽轮机中继续膨胀做功直至乏汽压力 p_2,然后进入凝汽器被冷凝成水,经凝结水泵升压进入回热加热器,接受 αkg 抽汽凝结时放出的潜热并与之混合成为抽汽压力下的 1kg 饱和水。最后经给水泵加压后,送入锅炉,吸收热量又成为 1kg 新的过热蒸汽,从而完成一个循环。

一级抽汽回热循环的理论循环 $T\text{-}s$ 图见图 5-3-6(b),该图是在忽略水泵耗功的前提下而得到的简化图形。应当注意的是,图上有些过程线并不代表 1kg 工质,详见图中过程线上的标示。

回热循环中的回热器,是完成抽汽加热给水的换热设备。一般有两种类型:表面式和混合式。在表面式回热器中,蒸汽和水互不接触,通过传热壁面交换热量;在混合式回热器中,蒸汽与水直接接触、相互混合加热。图 5-3-6 中所示的回热器为混合式。

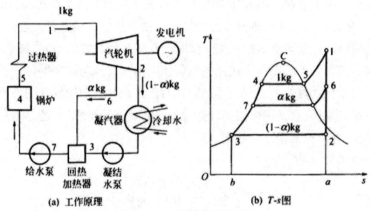

图 5-3-6　一级抽汽回热循环

α 称为回热抽汽系数,可根据回热器的能量方程平衡关系求出。由图 5-3-7,可列出能量平衡关系式为

$$\alpha h_6 + (1-\alpha) h_3 = h_7$$

故

$$\alpha = \frac{h_7 - h_3}{h_6 - h_3} \tag{5-3-4}$$

图 5-3-7　混合式回热器

若忽略水泵消耗的功,一级抽汽回热循环热效率为

$$\eta_{\mathrm{t}} = \frac{w_0}{q_1} = \frac{\alpha(h_1 - h_6) + (1-\alpha)(h_1 - h_2)}{h_1 - h_7} = \frac{(h_1 - h_6) + (1-\alpha)(h_6 - h_2)}{h_1 - h_7} \tag{5-3-5}$$

抽汽压力的选择是必须考虑的问题,它取决于锅炉前给水温度的高低,过高或过低都达不到提高循环热效率的目的。理论和实践表明,对于一级抽汽回热循环,给水回热温度以选定新

蒸汽饱和温度与乏汽饱和温度的中间平均值较好，并由此确定抽汽压力。不同压力下抽汽次数(回热级数)越多，给水回热温度和热效率越高，但设备投资费用将相应增加。因此，小型火力发电厂回热级数一般为1~3级，中大型火力发电厂一般为4~8级。

3.热电合供循环

从朗肯循环的分析中可知，有大量的热由乏汽在冷凝器中排出，被冷却水带走而散失于大气中。这是造成循环热效率低的主要原因。蒸汽动力装置即使采用了高参数蒸汽和回热、再热等措施，循环热效率仍不足50%，即燃料所发出的热量中有50%以上没有得到利用而被乏汽带走并损失掉了。由于这部分热的温度水平很低(接近于环境温度)，很难利用来进一步转化为机械能，但是适当提高乏汽温度就可以进行热利用。因此，热电合供循环就成为蒸汽动力循环中很有价值的一种循环。

热电合供循环实际上是在适当提高乏汽压力的条件下使乏汽温度提高，通过换热器或直接向用户供热，这样就可大大减少排向冷源的损失。由于热电合供既要发电又要供热，对背压式汽轮机来说必须解决好电热负荷的匹配。同时又由于热用户要求不同，加上生产不均衡，用热负荷变化较多。故常常不采用背压式汽轮机而使用抽汽式汽轮机来供热。现在常用把抽气与背压结合的抽气背压式汽轮机，使基本热负荷用背压汽解决，而用抽气进行调节。

对热电合供循环来讲，除了仍可用循环热效率来衡量其经济性外，还必须采用能量利用系数来考核其经济性，并且把两者结合起来。

能量利用系数 K 定义为

$$K = \frac{\text{已被利用的热量}}{\text{工质从热源吸收的热量}}$$

从理论上说，理想的情况下能量利用系数 K 可达到1，但实际上由于各种损失以及热电负荷之间的不协调，一般 K 值约为0.65~0.7左右。

第六章 湿空气

第一节 湿空气概述

存在于地球周围的空气层称为大气。由于地球的绝大部分表面为海洋、江河和湖泊,必然有大量水分蒸发为水蒸气而进入大气中。所以,自然界中存在的空气都是干空气和水蒸气的混合物,称为湿空气,即

$$湿空气 = 干空气 + 水蒸气$$

存在于湿空气中的干空气,由于其组成成分不发生变化,所以可将其当作一个整体,并可视为理想气体;存在于湿空气中的水蒸气,由于其分压力很低,比体积很大,一般处于过热状态,所以也可视为理想气体。这样由干空气和水蒸气组成的湿空气,就可视为理想混合气体。它仍然遵循理想气体的有关规律,其状态参数之间的关系,也可用理想气体状态方程来描述。

由于湿空气中水蒸气的含量甚微,所以在一般工程中常忽略其影响。但在空气调节、物料干燥等工程中,湿空气中水蒸气的含量对于湿空气的性质及其有关过程有很大影响,因此,不可以忽略。在通风与空气调节工程中,经常要使用湿空气作为工质,并对其进行加热、冷却、加湿、去湿等方面的处理。因此,必须掌握湿空气的性质及其处理过程。本文主要介绍湿空气的有关性质及其热工计算。

一、湿空气的状态参数

湿空气的性质不仅与它的组成成分有关,而且也取决于它所处的状态。要说明湿空气的状态,同样可以采用压力、温度、比体积、焓等参数来表示。此外,还需要有反映湿空气中水蒸气含量的参数,如绝对温度、相对温度和含湿量等。下面介绍湿空气的主要状态参数。

(一)温度和压力

1.温度

由于湿空气为干空气和水蒸气组成的混合气体,所以湿空气的温度 T 也就是干空气和水蒸气的温度,即

$$T = T_{dry} = T_{vap} \tag{6-1-1}$$

式中　　T_{dry}——干空气的温度;

　　　　T_{vap}——水蒸气的温度。

2.压力

根据道尔顿定律,湿空气的压力 p 应为干空气的分压力和水蒸气的分压力之和,即

$$p = p_{dry} + p_{vap}$$

式中　　p_{dry}——干空气的分压力；

　　　　p_{vap}——水蒸气的分压力。

通风与空气调节工程中所处理的湿空气就是大气,因此,湿空气的压力 p 就是当地大气压力 p_b。则上式又可写为

$$p_b = p_{dry} + p_{vap} \tag{6-1-2}$$

一般情况下,湿空气中水蒸气的分压力低于湿空气温度所对应的水蒸气的饱和压力,此时的水蒸气处于过热状态,如图6-1-1 中 a 点所示。这种由干空气和过热蒸汽组成的湿空气称为未饱和空气。在一定的温度下,湿空气中水蒸气分压力的大小可反映水蒸气含量的多少。由于未饱和空气中水蒸气的分压力没有达到最大值,所以它具有一定的吸湿能力。若在保持湿空气温度不变的情况下,向未饱和空气中加入水蒸气,随着水蒸气含量的增加,水蒸气的分压力也随之增大,水蒸气的状态将沿图6-1-1 中的 $a \rightarrow b$ 变化。当水蒸气分压力达到湿空气温度所对应的水蒸气的饱和压力时,水蒸气处于饱和状态,如图6-1-1 中 b 点所示。这种由干空气和饱和水蒸气组成的湿空气称为饱和湿空气。若继续增加水蒸气的含量,水蒸气的状态将沿 $b \rightarrow e$ 变化,即不断有凝结水析出。

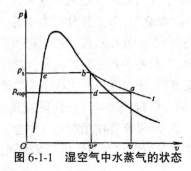

图 6-1-1　湿空气中水蒸气的状态

(二)绝对湿度、相对湿度、含湿量

湿空气中水蒸气的含量称为湿度。反映湿度的参数有绝对湿度、相对湿度和含湿量。

1.绝对湿度

$1 m^3$ 湿空气中所含水蒸气的质量称为绝对湿度。由于湿空气中的水蒸气也充满湿空气的整个体积,所以绝对湿度也就是湿空气中水蒸气的密度,用符号 ρ_{vap} 表示,单位为 kg/m^3。其定义式为

$$\rho_{vap} = \frac{m_{vap}}{V}$$

根据理想气体状态方程,可得

$$\rho_{vap} = \frac{p_{vap}}{R_{vap} T} \tag{6-1-3}$$

式中　　R_{vap}——水蒸气的气体常数,$R_{vap} = 461 J/(kg \cdot K)$。

绝对湿度只能说明湿空气中实际所含水蒸气的多少,而不能说明湿空气的干、湿程度或吸湿能力的大小。为此,需要引入相对湿度的概念。

2.相对湿度

湿空气的绝对湿度与同温度下饱和湿空气的绝对湿度之比称为相对湿度,用符号 φ 表

示。其定义式为

$$\varphi = \frac{\rho_{vap}}{\rho_s} \times 100\% \tag{6-1-4}$$

相对湿度反映了未饱和湿空气接近同温度下饱和湿空气的程度,或湿空气中的水蒸气接近饱和状态的程度,因此,又称为饱和度。

显然,相对湿度是0~1间的值。它的大小反映了湿空气的干、湿程度或吸湿能力。φ 值越小,湿空气越干燥,吸湿能力越强;φ 值越大,湿空气越潮湿,吸湿能力越弱;当 $\varphi = 1$ 时,为饱和湿空气,不具有吸湿能力。

根据理想气体状态方程,可得

$$\rho_{vap} = \frac{p_{vap}}{R_{vap}T}$$

$$\rho_s = \frac{p_s}{R_{vap}T}$$

则

$$\varphi = \frac{P_{vap}}{p_s} \times 100\% \tag{6-1-5}$$

由上式可知,在一定温度下,水蒸气的分压力越大,相对湿度就越大,湿空气越接近于饱和湿空气。

3.含湿量

在通风、空调及物料干燥工程中,常常要对湿空气进行加湿或去湿处理,湿空气中水蒸气的含量则会发生变化,从而导致湿空气的量也会发生变化。如果以湿空气作为基准进行计算,将会比较麻烦。为此,通常利用湿空气中的干空气在状态变化过程中质量不变的特点,以 1kg 干空气作为计算基准,并提出了含湿量的概念。

在含有 1kg 干空气的湿空气中,所含有的水蒸气的质量(通常以克计)称为含湿量,用符号 d 表示,单位为 g/kg(干空气)。其定义式为

$$d = \frac{m_{vap}}{m_{dry}} \times 10^3 \tag{6-1-6}$$

根据理想气体状态方程,可得

$$m_{dry} = \frac{p_{dry}}{R_{dry}T}$$

$$m_{vap} = \frac{p_{vap}}{R_{vap}T}$$

则

$$d = 622\frac{p_{vap}}{p_{dry}} \tag{6-1-7}$$

由于 $p_{dry} = p_b - p_{vap}$,则

$$d = 622\frac{p_{vap}}{p_b - p_{vap}} \tag{6-1-8}$$

由上式可知,当大气压力 p_b 一定时,含湿量取决于水蒸气的分压力,因此,含湿量与水蒸气的分压力不是相互独立的状态参数。

由于 $p_{vap} = \varphi p_s$,则

$$d = 622 \frac{\varphi p_s}{p_b - \varphi p_s} \tag{6-1-9}$$

由上式可知,当大气压力 p_b 和湿空气温度 t 一定时,d 随 φ 的增大而增加。

含湿量在过程中的变化 Δd,表示 1kg 干空气组成的湿空气在过程中所含水蒸气质量的改变,也即湿空气在过程中吸收或析出的水分。

(三)焓

湿空气的质量焓也是以 1kg 干空气为基准来计算的。它应为 1kg 干空气和 $10^{-3}d$ kg 水蒸气的质量焓的总和,即

$$h = h_{dry} + 10^{-3} d h_{vap} \tag{6-1-10}$$

在空气调节工程所涉及的范围内,干空气和过热蒸汽的比热容值,均可视为定值。取 0℃ 时干空气的焓值为零,取 0℃ 时水的焓值为零,则

$$h_{dry} = c_p t = 1.01t$$

式中　　c_p——干空气的平均比定压热容。

$$h_{vap} = r_0 + c_p t = 2501 + 1.85t$$

式中　　r_0——0℃时水的汽化潜热;

　　　　c_p——水蒸气的平均比定压热容。

则　　　　　　　　　　$$h = 1.01t + 10^{-3} d(2501 + 1.85t) \tag{6-1-11}$$

在空调工程中,常常要对湿空气进行加热或冷却处理,由于这些处理过程都是在定压条件下进行的,所以空气在加热或冷却过程中,吸收或放出的热量均可用过程前后的焓差来计算。

(四)密度

$1m^3$ 湿空气所具有的质量称为湿空气的密度,用符号 ρ 表示,单位为 kg/m^3。其定义式为

$$\rho = \frac{m}{V}$$

由于 $m = m_{dry} + m_{vap}$,故

$$\rho = \frac{m_{dry} + m_{vap}}{V} = \rho_{dry} + \rho_{vap} \tag{6-1-12}$$

上式表明,湿空气的密度为干空气的密度和水蒸气的密度之和。

根据理想气体状态方程,可得

$$\rho_{dry} = \frac{p_{dry}}{R_{dry} T}$$

$$\rho_{vap} = \frac{p_{vap}}{R_{vap} T}$$

则

$$\rho = \frac{p_{dry}}{R_{dry}T} + \frac{p_{vap}}{R_{vap}T}$$

$$= \frac{p_b - p_{vap}}{287T} + \frac{p_{vap}}{461T}$$

$$= \frac{p_b}{287T} - 0.001315\frac{p_{vap}}{T}$$

$$= \frac{p_b}{287T} - 0.001315\frac{\varphi p_s}{T} \tag{6-1-13}$$

由上式可知,在同温同压下,湿空气的密度总是小于干空气的密度,并随相对湿度的增大而减小。

(五)露点温度和湿球温度

1.露点温度

对于未饱和湿空气,若保持湿空气的水蒸气分压力不变,降低其温度,也可使之达到饱和湿空气状态,其中水蒸气的状态变化过程如图 6-1-1 中 $a \rightarrow d$ 所示。图中 d 点即饱和蒸汽状态,其温度就是湿空气中水蒸气的分压力 p_{vap} 所对应的饱和温度,称为湿空气的露点温度,或简称为露点,用符号 t_{dew} 表示。

湿空气达到饱和后,若进一步降低其温度,湿空气中将有水滴析出,这种现象称为结露现象。结露现象无论在工程上还是生活中,都是普遍存在的。如蒸发器表面的水珠,冬天房屋窗玻璃内侧的水雾等。结露现象是由于冷表面的温度低于湿空气的露点温度,湿空气中的水蒸气在冷表面凝结为水滴析出而形成的。

在空气调节工程中,常常利用露点来控制空气的干、湿程度。若空气太潮湿,就可将其温度降至其露点温度以下,使多余的水蒸气凝结为水滴析出去,从而达到去湿的目的。

2.湿球温度

图 6-1-2 所示为一干湿球温度计的示意图。它由两支相同的玻璃杆温度计组成:一支称为干球温度计,其读数为干球温度 t_{dry};另一支的水银球用浸在水中的湿纱布包起来,称为湿球温度计,其读数为湿球温度 t_{wet}。

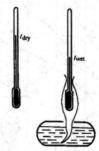

图 6-1-2 干湿球温度计

若湿球温度计周围为未饱和湿空气,湿纱布上的水将向空气中蒸发,使水温下降,即湿球温度计上的读数将下降。这样水与周围空气间产生了温度差,从而导致周围空气向水传热。

当水蒸发所需要的热量正好等于水从周围空气中所获得的热量时,湿球温度计上的读数不再下降而保持一个定值,即 t_{wet}。此时,湿球温度计的水银球表面形成了很薄的饱和空气层,其温度与水温十分接近,因此,湿球温度 t_{wet} 即这一薄层饱和湿空气的温度。

干球温度与湿球温度的差值大小与空气的相对湿度有关。空气的相对湿度越小,水分蒸发量越多,干、湿球温差就越大;反之,空气的相对湿度越大,水分蒸发量越少,干、湿球温差就越小;当空气的相对湿度达到100%时,水分不再蒸发,干、湿球温差等于零,即干球温度与湿球温度相等。因此,可以用干、湿球温度来确定空气的相对湿度。为了使用方便,常将这一关系作成表格,在读得干、湿球温度后,可以从表格中直接查得相对湿度值。

应当指出,水分的蒸发过程及空气向水的传热过程都与空气的流速有关。严格地说,干湿球温度计所测得的湿球温度并不完全取决于湿空气的热力状态。但当空气流速大于 2.5m/s 时,空气流速对湿球温度的影响很小,可不予考虑。在工程上,一般是用干湿球温度计所测得的湿球温度作为湿空气的状态参数。

最后要说明,湿空气是干空气和水蒸气组成的混合气体,必须有三个独立参数才能确定其状态。若大气压力 p_b 一定,则只需要两个独立参数就可确定其状态,并可求出其余状态参数。

二、湿空气的焓湿图

在工程计算中,应用公式计算较麻烦,为方便分析和计算,人们绘制了湿空气的各种线算图,最常用的是焓湿图(h-d 图)。在焓湿图上不仅可以表示湿空气的状态,确定其状态参数,而且还可以对湿空气的处理过程进行分析和计算,因此,h-d 图是空气调节工程计算中的一个十分重要的工具。

(一)h-d 图的构成及绘制原理

湿空气的焓湿图是以含有 1kg 干空气的湿空气为基准,并在一定的大气压力 p_b 下,取质量焓 h 为纵坐标、含湿量 d 为横坐标而绘制的。为使图线清晰,横、纵坐标方向的夹角取 135°,如图 6-1-3。

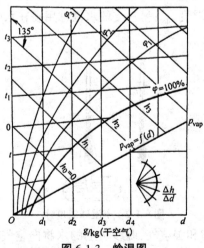

图 6-1-3　焓湿图

1.定质量焓线及定含湿量线

在纵坐标轴上标出零点,即 $h=0$,$d=0$,则纵坐标轴即为 $d=0$ 的定含湿量线,该纵坐标轴上的读数也是干空气的质量焓值。在确定坐标轴的比例后,就可以绘制一系列与纵坐标轴平行的定含湿量线和与横坐标轴平行的定质量焓线。为了减小图面,常取一水平线来代替实际的横坐标轴。

2.定温线

由关系式 $h=1.01t+10^{-3}d(2501+1.85t)$ 可以看出,当 t 为定值时,h 与 d 成直线关系,所以在 h-d 图上,定温线是一组直线。式中 $1.01t$ 为直线方程的截距,$10^{-3}\times(2501+1.85t)$ 为直线方程的斜率。当温度不同时,每条定温线的斜率是不同的,因此,各定温线不是平行的。但由于 $1.85t$ 远小于 2501,直线斜率随温度变化甚微,所以各定温线又几乎是平行的。

3.定相对湿度线

由关系式 $d=622\varphi p_s/(p_b-\varphi p_s)$ 可以看出,在一定的大气压下,当 φ 值一定时,d 与 p_s 之间有一系列相对应的值,而 p_s 又是温度的单值函数,因此,当 φ 为某一定值时,把不同温度下的饱和压力值代入上式中,就可得到相应温度下的一系列 d 值。在 h-d 图上,可得到相应的状态点,连接这些状态点,就可得到该 φ 值的定相对温度线。取不同的 φ 值,按同样方法可作一系列定相对湿度线。

显然,$\varphi=0$ 的定相对湿度线就是干空气线,此时 $d=0$,即纵坐标轴;$\varphi=100\%$ 的定相对湿度线就是饱和空气线。该曲线将 h-d 分为两部分。上部为未饱和空气区;下部为过饱和空气区。在未饱和空气区中,湿空气中的水蒸气处于过热状态;而在过饱和空气区,湿空气中多余的水蒸气凝结成细小水珠,形成水雾,因此,该区也称为雾区,它在工程上没有实际意义。

4.水蒸气分压力线

由关系式 $d=622p_{vap}/(p_b-p_{vap})$ 可知,当大气压力 p_b 为一定值时,水蒸气的分压力仅与含湿量有关,即 $p_{vap}=f(d)$。有的 h-d 图将关系线绘制在图下方,而 p_{vap} 值则标在右边的坐标上;有的 h-d 图根据二者关系将 p_{vap} 值直接标在图的上方坐标上。

5.热湿比

为了说明湿空气状态变化过程中质量焓和含湿量的变化,通常可用状态变化前后的质量焓差和含湿量差的比值来描述过程变化的方向和特征,这个比值称为热湿比,用符号 ε 表示。其定义式为

$$\varepsilon=\frac{h_2-h_1}{\dfrac{d_2-d_1}{1000}}=1000\frac{\Delta h}{\Delta d} \tag{6-1-14}$$

从上式不难看出,热湿比 ε 实际上是状态变化过程直线的斜率,它反映了过程直线与水平方向的倾斜角度,因此,又称为角系数。在 h-d 图上,任何一状态变化过程,都对应于一定的角系数。对于湿空气的各种变化过程,只要它们的角系数 ε 相同,过程线就必定平行,而与过程的初始状态无关。因此,在 h-d 图上,可在图的右下方任取一点为基点,作出许多角系数线,也称为过程辐射线,如图 6-1-4 所示。

在 h-d 图上,用定质量焓线和定含湿量线可将图划分为四个象限,如图 6-1-5 所示。由关

系式 $\varepsilon = 1000\Delta h/\Delta d$ 可知,对于定质量焓过程,$\Delta h = 0$,其角系数 $\varepsilon = 0$;对于定湿过程,$\Delta d = 0$,其角系数 $\varepsilon = \pm\infty$。

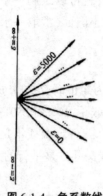

图 6-1-4　角系数线

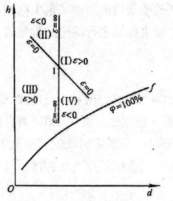

图 6-1-5　$h\text{-}d$ 图四个区域的特征

各象限间的角系数分别为:

Ⅰ象限,$\Delta h > 0$,$\Delta d > 0$,即增焓增湿过程,$\varepsilon > 0$。

Ⅱ象限,$\Delta h > 0$,$\Delta d < 0$,即增焓减湿过程,$\varepsilon < 0$。

Ⅲ象限,$\Delta h < 0$,$\Delta d < 0$,即减焓减湿过程,$\varepsilon > 0$。

Ⅳ象限,$\Delta h < 0$,$\Delta d > 0$,即减焓增湿过程,$\varepsilon < 0$。

(二)$h\text{-}d$ 图的应用

1.确定状态参数

$h\text{-}d$ 图上的任意一点都代表着湿空气的某一状态。若已知湿空气的任意的两个独立状态参数,就可在图上确定湿空气的状态点,并查出其余的状态参数。

2.确定露点温度

露点是指湿空气在水蒸气分压力不变的情况下冷却到饱和状态时的温度。则在 $h\text{-}d$ 图上,可从初态点 A 向下作定含湿量线与 $\varphi = 100\%$ 的饱和曲线相交,交点对应的温度就是处于状态点 A 的湿空气的露点温度,如图 6-1-6 所示。

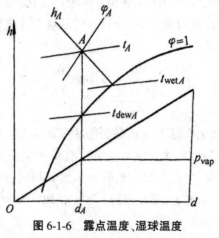

图 6-1-6　**露点温度、湿球温度**

在 $h\text{-}d$ 图上的表示

3.确定湿球温度

在湿球温度形成过程中,由于饱和空气传给纱布中水的显热全部以汽化潜热的形式返回到空气中,所以可认为空气的焓值基本上不变。则在 h-d 图上,可从初态点 A 作定质量焓线与 φ=100%的饱和曲线相交,交点对应的温度就是处于状态点 A 的湿空气的湿球温度,如图 6-1-6 所示。

4.表示湿空气的状态变化过程

若已知湿空气的初始状态及变化过程的角系数值,则在 h-d 图上,可通过初状态点作一直线平行于角系数为 ε 的过程辐射线,即得状态变化过程线,只要知道变化过程终状态的任一参数,就可确定变化过程终状态点,即过程线与已知终状态参数线的交点。

第二节　湿空气的热力过程

一、空气调节器的工作概况

空气调节器的主要作用调节舱室的温度和湿度使之处于人体舒适的范围内,夏季温度 21~28℃,冬季温度为 19~22℃,相对湿度 30%~70%。空气调节装置的主要设备有风机、滤器,加热器、加湿器和冷却器等。如图 6-2-1 所示。风机 1 将一部分舱室 6 的空气(称回风)和室外新鲜空气(称新风)混合吸入。混合后经滤器 2 除尘后,然后根据需要升温(加热器 3)、加湿(喷水蒸气),或降温(冷却器 4)、去湿(除水器 5),达到合适的温度和湿度后,对各舱室 6 送风。

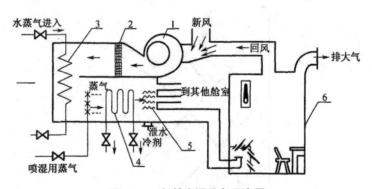

图 6-2-1　船舶空调设备示意图

1—风机;2—滤器;3—加热器;4—冷却器;5—除水器;6—空调舱室

二、湿空气的热力过程

1.混合过程

船舶或其他空调装置中常将回风与新风混合,回风的状态比新风更接近需要的状态。这样可减少加热量或减少制冷量,提高装置的经济性。但为了保证空气的新鲜度,回风：新风≤4：1。

混合状态点在 h-d 图上的确定如图 6-2-2 所示。

图中 1 点为新风的状态点 (h_1,d_1),新风中干空气质量 m_{a1};2 点为回风的状态点 (h_2,d_2),回风中干空气质量 m_{a2}。

混合后干空气的质量

$$m_{a3}=m_{a1}+m_{a2} \tag{6-2-1}$$

混合后空气的含湿量为

$$d_3=\frac{m_{a1}d_1+m_{a2}d_2}{m_{a1}+m_{a2}}=\frac{d_1+\dfrac{m_{a2}}{m_{a1}}d_2}{1+\dfrac{m_{a2}}{m_{a1}}} \tag{6-2-2}$$

$$h_3=\frac{m_{a1}h_1+m_{a2}h_2}{m_{a1}+m_{a2}}=\frac{h_1+\dfrac{m_{a2}}{m_{a1}}h_2}{1+\dfrac{m_{a2}}{m_{a1}}} \tag{6-2-3}$$

根据公式求得的 d_3 和 h_3,混合后的状态点 3 也就确定了。

根据上述两公式,可得
$$\frac{m_{a2}}{m_{a1}}=\frac{d_3-d_1}{d_2-d_3}=\frac{h_3-h_1}{h_2-h_3}=\frac{\overline{13}}{\overline{23}} \tag{6-2-4}$$

由公式(6-2-4),混合状态点也可通过作图法确定。先将 12 两点连线,再将 12 线段分成 $m_{a1}+m_{a2}$ 份,在靠 1 点处取 m_{a2} 份,即为 3 点。显然,回风量越大,m_{a2} 越大,点 3 越远离 1 点,越靠近 2 点,越接近回风状态。

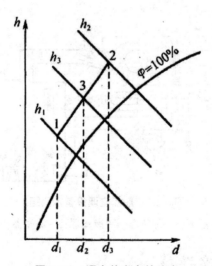

图 6-2-2　混合状态点的确定

2.干式加热(等湿加热)过程

湿空气经过加热器时,仅温度升高,含湿量不变,因此,该加热过程为干式加热或等湿加热过程。在 h-d 图上为一根竖直线,如图 6-2-3 中 1—2 线段。

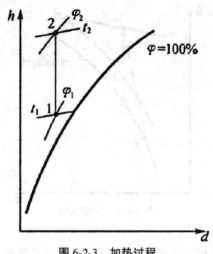

图 6-2-3　加热过程

因为含湿量不变,所以,水蒸气的分压力不变,露点不变,相对湿度降低,焓值增加,过程的热湿 ε 比为$+\infty$。

这个过程常需计算所需要的热量,由(2-2-30):

$$q=\Delta h=c_p(T_2-T_1)=c_p(t_2-t_1)$$

单位时间总热量

$$\dot{Q}=\dot{m}q=\dot{m}(h_2-h_1)=\dot{V}\cdot\rho\cdot c_p\cdot(t_2-t_1)=1.013\dot{V}\cdot\rho\cdot(t_2-t_1) \tag{6-2-5}$$

可见,加热量由加热前后空气的焓差或温差计算。

3.冷却过程

冷却过程分为两种:干式冷却和析水冷却。

冷却器表面温度高于空气的露点温度为干式冷却。干式冷却是干式加热的逆过程,空气的含湿量也保持不变,仅温度下降。因此,在 h-d 图上为一根竖直线,如图 6-2-4 中 1—2 过程。因为含湿量不变,所以,水蒸气的分压力不变,露点不变,相对湿度增加,焓值减少,过程的热湿 ε 比为$-\infty$。冷却过程所需要的冷量由式(6-2-6)计算得到。

$$\dot{Q}=\dot{m}\cdot q=\dot{m}(h_1-h_2)=\dot{V}\cdot\rho\cdot c_p\cdot(t_1-t_2)=1.013\dot{V}\cdot\rho\cdot(t_1-t_2) \tag{6-2-6}$$

冷却器表面温度低于空气的露点温度为析水冷却。在图 6-2-4 中空气的露点温度是 $2'$,3 点处为冷却器的表面温度,接近冷却器表面的部分空气沿着 1—2—$2'$,结露泄出,导致空气中水蒸气分压力下降,沿着 $2'$—3 冷却,转变为 3 点的饱和空气。另外由于空气的流动,其余状态点 1 的空气不断与 3 点混合,根据混合状态点的确定,出口状态点 4 必然在 13 连线上。在 h-d 图上为一根斜线。空气流速越快,冷却器的排数越多,则状态 3 点的气体越多,出口处的状态 4 越接近状态点 3。由图可见,析水冷却空气的温度、焓值下降,含湿量、水蒸气分压力下降,相对湿度增加。

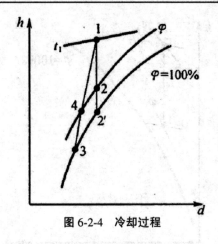

图 6-2-4 冷却过程

4.加湿过程

湿空气经加热器加热后,相对湿度降低,因此,需要加湿处理。空气调节装置中的加湿过程可分为喷水和喷水蒸气两种。

(1)喷水加湿过程——定焓过程

喷水加湿是空调中最常用的方法,优点是经济、简便。喷水的设备称为喷水室或喷雾室。被处理的空气流过喷雾室,水在水泵的作用下,由喷水管上的喷嘴喷入空气流中。水从喷嘴流出时为很细小的水滴,在喷嘴外形成圆锥形水雾,增大了与空气的接触表面。

图 2-9-11 中处理前空气的状态为 (h_1,d_1),加湿后的状态为 (h_2,d_2),喷水过程水从空气吸热汽化潜热变为水蒸气,水蒸气把从空气所得的热量仍以水蒸气焓的形式带回空气。该过程是个绝热过程,设 1kg 干空气中加入水的质量为 m_w,则

$$m_w=0.001(d_2-d_1)\text{kg}$$

由水带入的焓为

$$m_w \times h_w=0.001(d_2-d_1)\times h_w$$

则处理后空气的焓

$$h_2=h_1+0.001(d_2-d_1)\times h_w$$

由于 d_2-d_1 通常只有几克,而水的比焓也很小,相对 h_1 与 h_2 可忽略不计,即可认为

$$0.001(d_2-d_1)\times h_w=0$$

则:

$$h_2 \approx h_1$$

工程上常将喷水加湿过程按定焓过程处理,如图 6-2-5 中过程 1—2。可见该过程中焓值不变,空气温度降低,含湿量、水蒸气分压力、相对湿度增大。

(2)喷水蒸气加湿的过程——定温过程

向湿空气喷入有限量的大气压力下的水蒸气,使空气仍处于未饱和状态。即使加入的过热蒸汽温度空气湿空气的温度,但因加入量有限,对湿空气温度的影响不大,可视为等温过程,如图 6-2-5 中 1—3 过程所示。可见该过程中温度不变,焓值、含湿量、水蒸气分压力和相对湿度均增大。

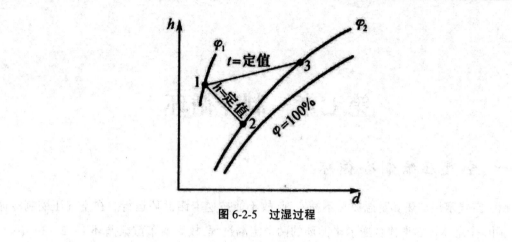

图 6-2-5　过湿过程

第七章　制冷循环

一、空气压缩制冷循环

由于空气定温加热和定温放热不易实现,故不能按逆卡诺循环运行。在空气压缩制冷循环中,用两个定压过程来代替逆卡诺循环的两个定温过程,故为逆布雷敦循环 1—2—3—4—1,其 p-v 图和 T-s 图如图 7-1 所示,实施这一循环的装置如图 7-2 所示。图中 T_L 为冷库中需要保持的温度,$T_0(T_H)$ 为环境温度。压气机可以是活塞式的或是叶轮式的。从冷库出来的空气(状态 1)$T_1 = T_L$,进入压气机后被绝热压缩到状态 2,此时温度已高于 T_0;然后进入冷却器,在定压下将热量传给冷却水,达到状态 3,$T_3 = T_0$;再进入膨胀机绝热膨胀到状态 4,此时温度已低于 T_L;最后进入冷库,在定压下自冷库吸收热量(称为制冷量),回到状态 1,完成循环。循环中空气排向高温热源的热量为

$$q_H = h_2 - h_3$$

自冷库的吸热量为

$$q_L = h_1 - h_4$$

在 T-s 图上 q_H 和 q_L 可分别用面积 $234'1'2$ 和面积 $411'4'4$ 表示,两者之差即为循环净热量 q_0,数值上等于净功 w_0,即

$$q_0 = q_H - q_L = (h_2 - h_3) - (h_1 - h_4)$$
$$= (h_2 - h_1) - (h_3 - h_4)$$
$$= w_C - w_T = w_0$$

式中,w_C 和 w_T 分别是压气机所消耗的功和膨胀机输出的功。

循环的制冷系数为

$$\varepsilon = \frac{q_L}{w_0} = \frac{h_1 - h_4)}{(h_2 - h_3) - (h_1 - h_4)} \tag{7-1}$$

若近似取比热容为定值,则

$$\varepsilon = \frac{T_1 - T_4}{(T_2 - T_3) - (T_1 - T_4)} = \frac{1}{\dfrac{T_2 - T_3}{T_1 - T_4} - 1}$$

1—2 和 3—4 都是定熵过程,因而有

$$\frac{T_2}{T_1} = \left(\frac{p_2}{p_1}\right)^{\frac{\kappa-1}{\kappa}} = \frac{T_3}{T_4}$$

将上式代入制冷系数表达式可得

$$\varepsilon = \frac{1}{\dfrac{T_3}{T_4}-1} = \frac{T_4}{T_3-T_4} = \frac{T_1}{T_2-T_1} = \frac{1}{\left(\dfrac{p_2}{p_1}\right)^{\frac{\kappa-1}{\kappa}}-1} = \frac{1}{\pi^{\frac{\kappa-1}{\kappa}}-1} \tag{7-2}$$

式中，$\pi = \dfrac{p_2}{p_1}$，称为循环增压比。

在同样冷库温度和环境温度条件下，逆卡诺循环 1—5—3—6—1 的制冷系数为 $\dfrac{T_1}{T_3-T_1}$，显然大于式(7-2)所表示的空气压缩制冷循环的制冷系数。

由式(7-2)可见，空气压缩制冷循环的制冷系数与循环增压比 π 有关：π 越小，ε 越大；π 越大，则 ε 越小。但 π 减小会导致膨胀温差变小从而使循环制冷量减小，如图 7-1b 中循环 1—7—8—9—1 的增压比比循环 1—2—3—4—1 的增压比小，其制冷量(面积 199′1′1)小于循环 1—2—3—4—1 的制冷量(面积 144′1′1)。

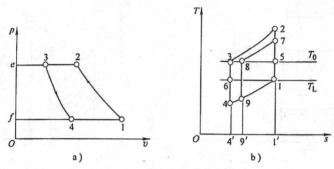

图 7-1　空气压缩制冷循环

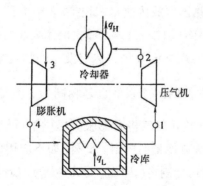

图 7-2　空气压缩制冷循环装置流程图

空气压缩制冷循环的主要缺点是制冷量不大。这是因为空气的比热容较小，故在吸热过程 4—1 中每千克空气的吸热量(即制冷量)不多。为了提高制冷能力，空气的流量就要很大，如采用活塞式压气机和膨胀机，则不但设备很庞大、不经济，还涉及许多设备实际问题而难以实现。因此，在普冷范围($t_c > -50℃$)内，除了某些飞机空调等场合外，很少应用，而且飞机机舱用的常常是开式空气压缩制冷，自膨胀机流出的低温空气直接吹入机舱。

二、回热式空气压缩制冷循环

近年来,在空气压缩制冷设备中应用了回热原理,并采用叶轮式压气机和膨胀机,克服了上述缺点,使空气压缩制冷设备有了广泛的应用和发展。这种循环已广泛应用于空气和其他气体(如氦气)的液化装置。

回热式空气压缩制冷装置流程图及 $T\text{-}s$ 图如图 7-3 和图 7-4 所示。自冷库出来的空气(温度为 T_1,即低温热源温度 T_L),首先进入回热器升温到高温热源的温度 T_2(通常为环境温度 T_0),接着进入叶轮式压气机进行压缩,升温到 T_3、升压到 p_3。再进入冷却器,实现定压放热,降温至 T_4(理论上可达到高温热源温度 T_2),随后进入回热器进一步定压降温至 T_5(即低温热源温度 T_L)。接着进入叶轮式膨胀机实现定熵膨胀过程,降压至 p_6、降温至 T_6。最后进入冷库实现定压吸热,升温到 T_1,构成理想的回热循环,如图 7-4 所示。

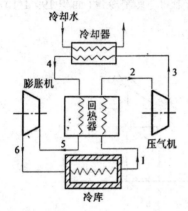

图 7-3　回热式空气压缩制冷循环装置流程图　　图 7-4　回热式空气压缩制冷循环装置 $T\text{-}s$ 图

在理想情况下,空气在回热器中的放热量(即图 7-4 中面积 $45gk4$)恰等于被预热的空气在过程 1—2 中的吸热量(图中面积 $12nml$)。工质自冷库吸取的热量为面积 $61mg6$,排向外界环境的热量为面积 $34kn3$。这一循环的效果显然与没有回热的循环 $13'5'61$ 相同。因两循环中的 q_L 和 $q_0(q_H)$ 完全相同,它们的制冷系数也是相同的。但是循环增压比从 $\dfrac{p_3{}'}{p_1}$ 下降到 $\dfrac{p_3}{p_1}$。这为采用增压比 π 不很高的叶轮式压气机和膨胀机提供了可能。叶轮式压气机和膨胀机具有流量大的特点,因而适宜于大制冷量的机组。此外,如不应用回热,则在压气机中至少要把工质从 T_L 压缩到 T_0 以上才有可能制冷(因工质要放热给大气环境)。而在气体液化等低温工程中 T_L 和 T_0 之间的温差很大,这就要求压气机有很高的 π,叶轮式压气机很难满足这种要求,应用回热解决了这一问题。而且,回热循环的 π 减小,也可使压缩过程和膨胀过程的不可逆损失减小。

第二篇 传热学

第八章 传热过程与传热器

第一节 传热过程

一、通过平壁及圆筒壁的传热

(一)通过平壁的传热

本文主要研究流体将热量传给壁面,通过间壁传给另一面流体的问题。这种热流体通过固体壁将热量传给冷流体的过程叫传热。

设有一单层平壁,在稳定状态下,热流体将热量传给壁面,通过平壁的导热传到另一侧壁面,然后由另一侧壁面传给冷流体。忽略热量损失,有

① $\quad \Phi = h_1 A(t_{f1} - t_{w1})$

② $\quad \Phi = \dfrac{\lambda}{\delta} A(t_{w1} - t_{w2})$

③ $\quad \Phi = h_2 A(t_{w2} - t_{f2})$

式中 $\quad h_1 、h_2$——平壁内、外表面的表面传热系数,单位为 $W/(m^2 \cdot K)$;

$\qquad t_{f1} 、t_{f2}$——平壁两侧流体的温度,单位为℃;

$\qquad t_{w1} 、t_{w2}$——平壁内、外表面的温度,单位为℃;

$\qquad \delta$——平壁的厚度,单位为 m;

$\qquad \lambda$——平壁的热导率,单位为 $W/(m \cdot K)$;

$\qquad A$——平壁的面积,单位为 m^2。

将上面公式整理得

$$\Phi = \frac{1}{\dfrac{1}{h_1} + \dfrac{\delta}{\lambda} + \dfrac{1}{h_2}} A(t_{f1} - t_{f2})$$

令 $K = \dfrac{1}{\dfrac{1}{h_1} + \dfrac{\delta}{\lambda} + \dfrac{1}{h_2}}$,称为传热系数,单位为 $W/(m^2 \cdot K)$,所以通过单层平壁的热流量可以表示为

$$\Phi = KA(t_{f1} - t_{f2}) \tag{8-1-1}$$

平壁的传热系数 K 表示两侧流体温差为1℃时,单位时间内通过每平方米壁面传递的热

流量。传热系数是反映传热过程强弱的指标。K 值的大小与流体的性质、流动情况、壁面材料、形状和尺寸等因素有关。

我们把单位面积平壁的热流量称为热流密度,于是根据公式(8-1-1),热流密度可以表示为

$$q = \frac{\Phi}{A} = K(t_{f1} - t_{f2}) \qquad (8\text{-}1\text{-}2)$$

因为传热系数的倒数是热绝缘系数 M,单位为 $m^2 \cdot K/W$ 即

$$M = \frac{1}{K} = \frac{1}{h_1} + \frac{\delta}{\lambda} + \frac{1}{h_2} \qquad (8\text{-}1\text{-}3)$$

因此热流密度公式也可以表示为

$$q = \frac{1}{M}(t_{f1} - t_{f2}) \qquad (8\text{-}1\text{-}4)$$

上式表明:温差一定时,传热热绝缘系数越小,通过平壁的热流密度越大;传热热绝缘系数越大,通过平壁的热流密度则越小。

从公式(8-1-3)可以看出总热绝缘系数等于各部分热绝缘系数之和,所以多层平壁的总热绝缘系数可以写成下面的形式:

$$M = \frac{1}{h_1} + \sum_{i=1}^{n} \frac{\delta_i}{\lambda_i} + \frac{1}{h_2} \qquad (8\text{-}1\text{-}5)$$

由此可以得出多层平壁的热流密度公式

$$q = \frac{t_{f1} - t_{f2}}{\dfrac{1}{h_1} + \displaystyle\sum_{i=1}^{n} \dfrac{\delta_i}{\lambda_i} + \dfrac{1}{h_2}} \qquad (8\text{-}1\text{-}6)$$

(二)临界热绝缘直径

工程中,为了减少热力管道的热损失,要在管道外面敷设保温层。平壁外敷设保温材料一定能起到保温的作用,因为增加了一项导热热绝缘系数,从而增大了总热绝缘系数,达到削弱传热的目的。圆筒壁外敷设保温材料不一定能起到保温的作用,虽然增加了一项热绝缘系数,但外壁的换热热绝缘系数随之减小,所以总热绝缘系数有可能减小,也有可能增大。对应于总热绝缘系数为极小值时的隔热层外径称为临界热绝缘直径,用 d_c 表示。

$$d_c = \frac{2\lambda_{ins}}{h_2}$$

式中 h_2——管道保温层外表面对环境的表面换热系数 $W/(m^2 \cdot K)$;

λ_{ins}——保温材料的导热系数 $W/(m \cdot K)$。

工程中的热力管道外面敷设保温层的外径一般都大于 d_c,随着热绝缘层厚度的增加,管道的热损失减少。但对于输电线路,为使其具有较大的散热能力,绝缘层的外径等于或接近临界热绝缘直径 d_c。

二、通过肋壁的传热

肋壁传热的工程实例很多,例如翅片管散热器、锅炉中的铸铁省煤器等。在前面的章节里

我们曾经分析过肋壁的导热,增大固体壁一侧的表面积,可使总热绝缘系数减小,使传热增强。下面我们以换热设备的金属肋壁为例分析。如图 8-1-1 所示。在稳态传热的情况下(设 $t_{f1} > t_{f2}$,设肋和壁为同一材料),则通过肋壁的传热量可以表示如下:

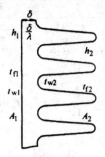

图 8-1-1 通过肋壁的传热

流体 1 与光壁面换热

$$① \quad \Phi = h_1 A_1 (t_{f1} - t_{w1})$$

通过壁的导热

$$② \quad \Phi = \frac{\lambda}{\delta} A_1 (t_{w1} - t_{w2})$$

肋壁与流体的换热

$$③ \quad \Phi = h_2 A_2 (t_{w2} - t_{f2})$$

式中　　　λ——壁面热导率,单位为 W/(m·K);

　　　　　δ——壁面厚度,单位为 m;

　　　　　h_1——光壁面侧表面传热系数,单位为 W/(m²·K);

　　　　　h_2——肋壁侧表面传热系数,单位为 W/(m²·K);

　　　　　A_1——光壁面侧表面积,单位为 m²;

　　　　　A_2——肋片表面积,单位为 m²;

　　　　　t_{f1}——光壁面侧流体的温度,单位为 K;

　　　　　t_{f2}——肋壁侧流体的温度,单位为 K;

　　　　　t_{w1}——光壁壁面温度,单位为 K;

　　　　　t_{w2}——肋壁面温度,单位为 K。

上面式①、式②、式③经整理得

$$t_{f1} - t_{f2} = \Phi \left(\frac{1}{h_1 A_1} + \frac{\delta}{\lambda A_1} + \frac{1}{h_2 A_2} \right)$$

通过肋壁的热流量

$$\Phi = \frac{t_{f1} - t_{f2}}{\dfrac{1}{h_1 A_1} + \dfrac{\delta}{\lambda A_1} + \dfrac{1}{h_2 A_2}} = K(t_{f1} - t_{f2}) \tag{8-1-7}$$

$$K = \frac{1}{\dfrac{1}{h_1 A_1} + \dfrac{\delta}{\lambda A_1} + \dfrac{1}{h_2 A_2}} \tag{8-1-8}$$

如果按光壁表面单位面积计算,$\beta=A_2/A_1$,称为肋化系数($\beta>1$)。则

$$q_1=\frac{\Phi}{A_1}=K_1(t_{f1}-t_{f2}) \tag{8-1-9}$$

$$K_1=\cfrac{1}{\cfrac{1}{h_1}+\cfrac{\delta}{\lambda}+\cfrac{A_1}{h_2A_2}}=\cfrac{1}{\cfrac{1}{h_1}+\cfrac{\delta}{\lambda}+\cfrac{1}{h_2\beta}} \tag{8-1-10}$$

如果按肋面单位面积计算,则

$$q_2=\frac{\Phi}{A_2}=K_2(t_{f1}-t_{f2}) \tag{8-1-11}$$

$$K_2=\cfrac{1}{\cfrac{A_2}{h_1A_1}+\cfrac{\delta A_2}{\lambda A_1}+\cfrac{1}{h_2}} \tag{8-1-12}$$

由于光面面积 A_1 和肋面面积 A_2 不同,所以 K_1、K_2 也不相同,($K_1>K_2$)在选用公式进行传热计算时,特别注意以哪一面为基准面。

当 $A_1=A_2$ 时,有

$$\Phi'=\cfrac{t_{f1}-t_{f2}}{\cfrac{1}{h_1A_1}+\cfrac{\delta}{\lambda A_1}+\cfrac{1}{h_2A_1}} \tag{8-1-13}$$

当 $A_1=A_2$ 时,肋壁变成平壁换热问题,由公式可以看出在 h 较小的一面做成肋壁形式能增强传热效果。下面分析肋片间距的影响,当肋片间距减小时,肋片的数量增多,肋壁的表面积 A_2 增大,则 β 值增大,这对减小热绝缘系数有利;肋片间距适量减小时可以增强肋片间流体的扰动,使表面传热系数 h_2 增大。但肋片间距的减小是有限的,以免肋片间流体的温度升高,降低了传热的温差。

上面公式推导过程中,假定壁面温度为一个确定的数值,实际由于热绝缘系数的作用,肋基温度总是大于肋端温度。由于表面形状复杂,换热情况也相当复杂,因此,肋面表面传热系数确切值只能靠实验方法获得。

三、传热的增强与削弱

(一)增强传热的基本途径

由传热的基本公式 $\Phi=KF\Delta t$ 可以看出,传热与传热系数、传热面积、传热温差有关系,因此增强传热的基本途径有:提高传热系数、增大传热面积、加大传热温差。

1.提高传热系数

传热过程总热绝缘系数是各部分热绝缘系数之和,因此要改变传热系数就必须分析每一项热绝缘系数,下面以换热设备为例分析,由于换热器金属壁薄,热绝缘系数很小,δ/λ 可以忽略,则传热系数 K 可表示为

$$① \quad K=\cfrac{1}{\cfrac{1}{h_1}+\cfrac{1}{h_2}}=\frac{h_1h_2}{h_1+h_2}$$

由上式可以看出，K 值比 h_1 和 h_2 都小。如果要加大传热系数，应改变哪一侧的表面传热系数更有效呢？这要对 h_1 和 h_2，分别求偏导，即可得出答案。

$$② \quad K' = \frac{\partial k}{\partial h_1} = \frac{h_2^2}{(h_1+h_2)^2} \quad K'' = \frac{\partial k}{\partial h_2} = \frac{h_1^2}{(h_1+h_2)^2}$$

K' 和 K'' 分别表示传热系数 K 随 h_1、h_2 增长率。

设 $h_1 > h_2$ 且 $h_1 = nh_2 (n>1)$ 代入式②可以得出

$$K'' = n^2 K'$$

结论：使 h 较小的那一项增大才能有效地增大传热系数。

2.增大传热面积

增大传热面积不能单纯理解为增加设备台数或增大设备体积，而是合理地提高单位体积的传热面积。比如采用肋片管、波纹管式换热面，从结构上加大单位体积的传热面积。

3.增大传热温差

改变传热温差可以通过改变冷流体或热流体的温度来实现。改变流体温度的方法有：提高热水采暖系统热水的温度；冷凝水中的冷却水用低温深井水代替自来水；提高辐射采暖的蒸汽压力。在冷热流体进出口温度相同时，逆流时的平均温度较大，所以换热器尽可能采用逆向流动方式。

（二）增强传热的方法

影响对流换热的主要因素是流体的流动状态、流体的物性、换热面形状等。

1.改变流体的流动状态

（1）增加流速可以改变流体的流动状态：因为紊流时 h 按流速的 0.8 次幂增加，如壳管式换热器中管程、壳程的分程就是为加大流速、增加流程长度和扰动，但流速增加时流动阻力也将增大，所以应选择最佳流速。

（2）加入干扰物：在管内或管外套装如金属丝、金属螺旋圈环、麻花铁、异形物等，可以增加扰动、破坏边界层使传热增强。

（3）借助外来能量：用机械或电的方法使表面或流体产生振动；也可利用声波或超声波对流体增加脉动强化传热；还可以外加静电场使传热面附近电解质流体的混合作用增强，从而加强对流换热。

2.改变流体的物性

流体的物性对 h 值影响较大，在流体中加入少量添加剂（添加剂可以是固体或液体）。它与换热流体组成气—固、汽—液、液—固等混合流动系统。

（1）气—固型：气流中加入少量固体细粒（如石墨、黄砂、铅粉等），提高了热容量，同时固体颗粒具有比气体高得多的辐射作用，因而使表面传热系数明显增加，沸腾床（流化床）可以归入气—固这一类型。

（2）汽—液型：如在蒸汽中加入硬脂酸、油酸等物质，促使形成珠状凝结而提高表面传热系数。

（3）液—固型：如在油中加入聚苯乙烯悬浮液，也会使传热增强。

3.改变换热表面情况

改进表面结构,如将管表面做成很薄的多孔金属层,以增强沸腾和凝结换热;也可在表面涂层,如凝结换热时,在换热表面涂上一层表面张力小的材料(聚四氟乙烯),有利于增加表面传热系数;另外增加壁面粗糙度,改变换热面形状和大小,也可使传热增强。

(三)削弱传热的方法

为了削弱传热,可以采取降低流速、改变表面状况、使用热导率小的材料、加遮热板等措施,效果较好。下面主要讲两种措施。

1.热绝缘

工程上常用的热绝缘技术是在传热表面包裹热绝缘材料(石棉、泡沫塑料、珍珠岩等),随着科学技术的不断发展,出现了一些新型的热绝缘技术。

(1)真空热绝缘:将换热设备的外壳做成夹层,夹层内壁两侧涂以反射率高的涂层,并把它抽成真空,夹层真空度越好,绝缘性能越好。一般真空抽至 $0.001\sim0.01Pa$,在 $80\sim300K$ 温度下,热导率为 $10^{-4}W/(m\cdot K)$。

(2)多层热绝缘:把若干片反射率高的材料(如铝箔)和热导率低的材料(如玻璃纤维)交替排列,并将系统抽成真空,组成了多层真空热绝缘。这种多层热绝缘绝热性能好,多用于深度低温装置中。

(3)粉末热绝缘:可以是抽真空或真空的粉末热绝缘,可以在热绝缘夹层填充珍珠岩、碳黑等,粉末热绝缘的效果虽没有多层热绝缘好,但结构简单。

(4)泡沫热绝缘:多孔的泡沫热绝缘具有蜂窝状结构,是在制造泡沫过程中由起泡气体形成的,如硬质聚氨酯泡沫塑料、聚苯乙烯泡沫塑料等。其绝缘性能较好,但应注意避免材料发生龟裂、受潮而丧失绝缘作用。

2.改变表面状况

改变换热表面的辐射特性,如在太阳能平板集热器表面涂上氧化铜、镍黑,使其具有较低发射率;附加抑流元件,如在太阳能平板集热器的玻璃盖板与吸热板间加装蜂窝状结构,也可削弱这一空间中的空气对流。

第二节　传热器

一、换热器的热计算

1.基本方程式

换热器的热计算,归结起来,就是联立求解热平衡方程式和传热方程式。

热平衡方程式

$$m_1 c_{p1}(t'_1 - t''_1) = m_2 c_{p2}(t''_2 - t'_2) \tag{8-2-1}$$

式中,$m_1 c_{p1}$ 为热流体的热容量(W/K);$m_2 c_{p2}$ 为冷流体的热容量(W/K);t'_1、t''_1 分别为热

流体的进、出口温度(K 或℃);t'_2、t''_2分别为冷流体的进、出口温度(K 或℃)。

另一方面,对任何流动型式的换热器,热流体在换热器内沿程放出热量而温度不断下降,冷流体在换热器内沿程吸热而温度不断上升,并且冷热流体间的温差沿程是不断变化的。因此,当利用传热方程式来计算整个传热面上的传热量时,必须采用整个传热面上的平均温差Δt_m。于是,换热器的传热方程式为

$$\Phi = KA\Delta t_m \qquad (8\text{-}2\text{-}2)$$

式(8-2-1)和式(8-2-2)称为换热器热计算的基本方程式。

2.平均温差 Δt_m

(1)顺流和逆流时的平均温差

下面以顺流和逆流为例推导平均温差的计算式,推导时作如下假定:

①换热器传热过程处于稳态,无散热损失。

②热、冷流体质量流量 m_1、m_2;物性参数和传热系数沿整个传热面保持不变。

③传热面上沿流体流动方向的导热忽略不计。

④任一种流体不能既有相变传热又有单相传热。

为方便起见,换热器中的参数用下标"1"代表该参数是热流体的参数,用下标"2"表示该参数是冷流体的参数。温度用上标"′"表示该温度是进口温度,用上标"″"表示该温度是出口温度。因此,t'_2 表示的温度是冷流体进口温度,其余参数可类推。

(2)复杂流型时的平均温差 Δt_m 的计算

工程上见到的大多数换热器并非纯顺流或纯逆流式,而是不同壳程和管程的叉流及混合流等复杂流型。复杂流型换热器的平均温差推导很复杂,这里不作介绍,若有必要读者可查阅相关文献。为了工程计算方便,已将复杂流型的平均温差推导结果,整理成为对于逆流型平均温差的修正系数线图,参见图 8-2-1~图 8-2-4。图中 ψ 为温差修正系数。计算时,先按逆流型算出对数平均温差 $\Delta t_{m,逆}$,再乘以温差修正系数 ψ,即得复杂流型换热器的平均温差为

$$\Delta t_m = \psi \Delta t_{m,逆} \qquad (8\text{-}2\text{-}3)$$

式中,温差修正系数 ψ 是辅助量 P 和 R 的函数,$\psi = f(R, P)$,P 和 R 的定义分别为

$$P = \frac{t''_2 - t'_2}{t'_1 - t'_2}, \quad R = \frac{t'_1 - t''_1}{t''_2 - t'_2}$$

显然,ψ 的大小反映了复杂流型的传热性能接近逆流传热的程度,$0 < \psi < 1$,通常要求 $\psi > 0.9$。值得指出的是,其他各种流动型式的复杂流可以看作是介于顺流和逆流之间的情况,其温差修正系数 ψ 值总是小于 1。对工程上常见的蛇形管束,只要管束的曲折次数超过 4 次,经验表明,可以作为纯顺流或逆流来处理。

使用图 8-2-1~图 8-2-4 查取 ψ 时,应注意以下问题:

①对于多流程的壳管式换热器(图 8-2-1 和图 8-2-2),各程的传热面积应该相等。

②在图的下半部,尤其是当 R 参数比较大时,曲线几乎呈垂直状态,给 ψ 的准确查取造成困难,这时可利用换热器的互易性规则,即用 PR 代替 P,$1/R$ 代替 R 来查图。

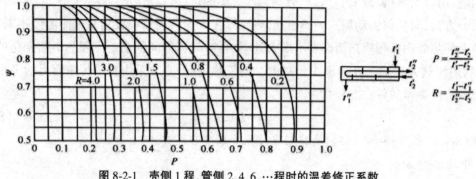

图 8-2-1　壳侧 1 程,管侧 2,4,6,…程时的温差修正系数

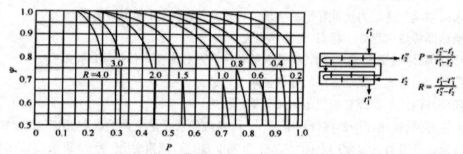

图 8-2-2　壳侧 2 程,管侧 4,8,12,…程时的温差修正系数

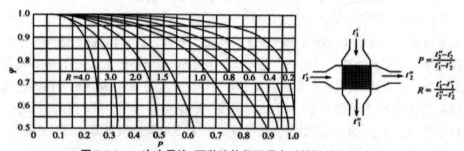

图 8-2-3　一次交叉流,两种流体都不混合时的温差修正系数

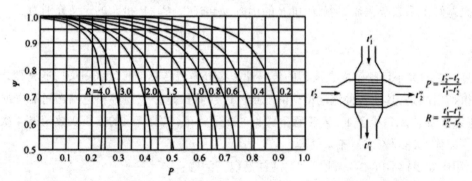

图 8-2-4　一次交叉流,一种流体混合、另一种流体不混合时的温差修正系数

③当有一侧流体发生相变时,由 P、R 的定义可知其中必有一个为零,再根据图 8-2-1～图 8-2-4 的特点,此时 $\psi=1$。

(3)小结

由上述分析可知,在换热器的各种流动型式中,顺流和逆流可以看作是所有流型换热器中的两种极端情况。但工程上一般应尽量利用逆流布置,这是由于顺流和逆流的以下特点所决定的。

①在相同的冷热流体进、出口温度条件下,逆流的对数平均温差 Δt_m 比顺流时的大,即在同样的传热量下,逆流布置可以减少传热面积,使换热器的结构更为紧凑,但同时传热的不可逆性增加,需进行综合考虑。

②顺流时冷流体的出口温度 t''_2 总是小于热流体的出口温度 t''_1,但逆流时 t''_2 却可能大于 t''_1,从而可以获得更高的冷流体出口温度 t''_2 或更低的热流体出口温度 t''_1。

③逆流时传热面两边的温差较均匀,也就使得传热面的热负荷较均匀,但顺流时则相反。

④逆流的热流体和冷流体的最高温度 t'_1 和 t''_2 以及最低温度 t''_1 和 t'_2 都集中在换热器的同一端,使传热面上的温差大,产生的壁面热应力大,对换热器的安全运行带来影响。对于高温换热器来说,这是应该特别注意的。工程上可采用将换热器进行分段,实现逆流和顺流的混合布置来避免。

3.换热器的热计算

根据目的不同,换热器的热计算分为两种类型:设计计算与校核计算。所谓设计计算就是根据生产任务给定的传热条件和要求,设计一台新的换热器,为此需要确定换热器的型式、结构及传热面积。而校核计算是对已有的换热器进行核算,看其能否满足一定的传热要求,一般需要计算流体的出口温度、传热量以及流动阻力等。

由换热器热计算的基本方程式可知,该方程中共有 8 个独立变量,它们是 KA、m_1c_{p1}、m_2c_{p2}、t'_1、t''_1、t'_2、t''_2 和 Φ。因此,换热器的热计算应该是给出其中的五个变量来求得其余三个变量的计算过程。新换热器设计计算的目的是在选定换热器型式后,给定流体的热容量 m_1c_{p1}、m_2c_{p2} 和 4 个进、出口温度中的 3 个,计算另一个温度、传热量 Φ 以及传热性能量 KA。

利用对数平均温差法进行设计计算的步骤如下:

(1)根据已知的三个温度,利用换热器热平衡方程式计算出另一个待定温度,并计算出传热量 Φ。

(2)初步选定换热器的流动型式,由冷热流体的 4 个进、出口温度及流动型式确定 Δt_m。

(3)由经验估计传热系数 K,并由传热方程式估算传热面积 A。

(4)根据估算出的传热面积 A,初选换热器型号及确定换热器的主要结构参数如管径、长度及排列等。

(5)计算管程压降与传热系数,要求管程压降在允许范围之内,否则重新设计或选取换热器结构。

(6)计算壳程压降与传热系数,要求壳程压降在允许范围之内,否则重新设计或选取换热器结构。

(7)计算总传热系数 K,与前述估计的传热系数 K 进行比较,要求在允许范围之内;或由计算出的总传热系数 K 与传热量 Φ 计算出传热面积 A,并与前述估算的传热面积 A 进行比较,要求在允许范围之内,否则根据本次的计算结果,重新估计传热系数 K,重复以上过程进行计算,最终达到设计要求。

对已有的换热器进行校核计算时,典型的情况是已知换热器的热容量 m_1c_{p1}、m_2c_{p2},传热

性能量 KA 以及冷热流体的进口温度 t'_1、t'_2 等 5 个参数,核算换热器传热量 Φ 和冷热流体的出口温度 t''_1、t''_2。由于冷热流体的出口温度未知,此时无法直接计算传热平均温差。在这种情况下,通常采用试算法。

利用对数平均温差法进行校核计算的步骤如下:

(1)首先假定一个流体的出口温度,按热平衡方程式求出另一个出口温度。

(2)由冷热流体的四个进、出口温度及流动型式确定 Δt_m。

(3)根据换热器的结构计算出传热系数 K。

(4)由传热方程式求出传热量 Φ(假设出口温度下的计算值)。

(5)再由换热器热平衡方程计算出冷热流体的出口温度值。

(6)以新计算出的出口温度作为假设温度值,重复以上步骤(2)~(5),直至前后两次计算值的误差小于给定数值为止,一般相对误差应控制在 1% 以下。

实际试算过程通常采用迭代法,可以利用计算机进行运算。显然,利用对数平均温差法进行校核计算不太简便。因此,有必要采用新的方法如效能—传热单元数法来进行换热器的热计算,关于这种方法的原理和计算在以后的学习中将会讨论。

第九章　导热理论与稳态导热

第一节　传热学概述

一、热量传递的基本方式

热传导、热对流和热辐射为热量传递的基本方式。实际的热量传递过程都是以这三种方式进行的,或者只有其中的一种热量传递方式,但很多情况都是有两种或三种热量传递方式同时进行。

(一)热传导

通常情况下,热传导存在于物体内部或相互接触的物体表面之间,由于分子、原子及自由电子等微观粒子的热运动而产生的热量传递现象。导热依赖于两个基本条件:一是必须有温差,二是必须直接接触(不同物体)或是在物体内部传递。无论是在固体内部还是在静止的液体和气体之中均可发生导热现象。固体中的导热是讨论比较多的。液体或气体只有在静止的时候(没有了液体或气体分子的宏观运动)才有导热发生,比如当流体流过固体表面时形成的附着于固体表面的静止的边界层底层中,流体的热量传递方式才是导热。在气体中,导热的机理是气体分子不规则热运动时的相互碰撞而传递能量。在导电的固体中,自由电子的运动是主要的导热方式;在非导电固体中,热量的传递则主要是通过晶格的振动(也称作弹性波)进行。液体的导热机理则比较复杂。

在实验和生活中,材料种类、厚度及温差等因素共同决定了导热。比如,一块金属板和一块木板,在相同厚度的前提下,一侧置于同样温度的热源中,则木板的另一侧的温度较金属板的要低,也就是木板的隔热性能要好。同样的木板,如果越厚,则它的隔热效果越好。

在传热学中,把单位时间传递的热量称为热流量,用 φ 表示,单位为 W。对于一个平壁,如图 9-1-1 所示,当它两侧都维持均匀的温度 t_{w1} 和 t_{w2} 时,平壁的导热为一维稳态导热,即温度只沿厚度方向变化,且这个过程跟时间没有任何关系,它的导热热流量可以用下面的公式计算

$$\varphi = A\lambda \frac{t_{w1} - t_{w2}}{\delta} \tag{9-1-1}$$

上式中,A 为导热物体的表面积;λ 为反映导热物体材料特性的参数,称为导热系数或热导率;δ 为导热物体的厚度;t_{w1}、t_{w2} 为导热物体两侧的温度。

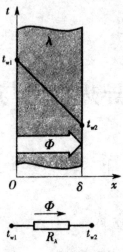

图 9-1-1　平壁的导热

导热系数 λ 的单位是 W/(m·K),材料的导热能力跟其数值成正比,λ 越大则它的导热能力越强。通常,金属材料的导热系数最高,好的导电体同时也是好的导热体;液体的导热系数次之;气体的导热系数最小。例如常温(20℃)下,纯铜的导热系数为 398W/(m·K),而干空气的导热系数只有 0.0259W/(m·K)。材料的导热系数一般由实验来测定。式(9-1-1)可以改写为以下形式

$$\varphi = \frac{t_{w1}-t_{w2}}{\dfrac{\delta}{A\lambda}} = \frac{t_{w1}-t_{w2}}{R_\lambda} \tag{9-1-2}$$

式中,$R_\lambda = \dfrac{\delta}{A\lambda}$,称为导热过程的导热热阻,K/W。

类似于电学中电流等于电压除以电阻的概念,传热热流量等于传热的温差除以传热的热阻。

单位时间通过单位面积的热流量称为热流密度,用 q 来表示,单位为 W/m²。平壁导热的热流密度通过式(9-1-1)、式(9-1-2)可表示为

$$q = \frac{\varphi}{A} = \lambda \frac{t_{w1}-t_{w2}}{\delta} \tag{9-1-3}$$

(二)热对流

热对流是指由于流体的宏观运动,致使不同温度的流体相对位移而产生的热量传递现象。只有在流体中才会发生对流的情况,且一定伴随着流体分子的不规则热运动产生的导热。如图 9-1-2 所示,当流体流过一个固体表面时,由于流体具有黏性,因此附着于固体表面的很薄的一层流体为静止的,在离开固体表面的会向上,流体的速度逐渐增加到来流速度,这一层厚度很薄、速度很小的流体称为边界层。在边界层内,流体与固体表面之间的热量传递是边界层外层的热对流和附着于固体表面的静止的边界层底层的流体导热两种基本传热方式共同作用的结果,这种传热现象在传热学中称为对流换热。对流换热按流动起因的不同(流动的驱动力的不同)分为自然对流和强迫对流两种。自然对流是由于温差引起的流体不同部分的密度

不同而自然产生上下运动的对流换热。因此,有温差不一定能发生自然对流,还应考虑表面的相对位置是否能形成因温差导致的密度差引起的流体运动。如图 9-1-3 所示,当固体表面的温度高于环境的空气温度时,该表面上方的空气受热后密度变小,自由上升,从而发生自然对流换热。在表面下方,紧挨表面的空气受热后密度变小,由于受到阻挡积聚在表面底下,空气的自由运动是无法正常产生的,从而没有自然对流换热的发生。如果该表面的温度低于环境空气的温度,则上方的空气受冷,密度变大,积聚在上表面,阻碍了空气的自由运动,没有自然对流。而表面的下方,空气受冷后自由下沉,则可以发生自然对流换热。

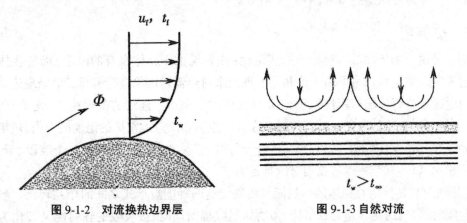

图 9-1-2　对流换热边界层　　　　　　　图 9-1-3 自然对流

强迫对流则是流体在外力的推动作用下流动所引起的对流换热。强迫对流换热程度比自然对流换热剧烈得多,在工业应用上接触得比较多的是强迫对流换热 。当流体发生相变的时候,对流换热则分别称为沸腾换热和凝结换热。沸腾和凝结换热的程度因涉及汽化或凝结潜热的释放而很剧烈,通常液体的对流换热比气体的对流换热强烈。典型的几类对流换热的表面传热系数数值范围如表 9-1-1 所示。

表 9-1-1　典型对流换热的表面传热系数数值范围

	对流换热类型	对流换热系数 $h/[\,W/(m^2 \cdot K)\,]$
自然对流换热	空气	1~10
	水	200~1000
强迫对流换热	空气	10~100
	水	100~15000
相变换热	水沸腾	2500~35000
	水蒸气凝结	5000~25000

对流换热的基本计算可用下面的公式

$$\varphi = Ah(t_w - t_f) \tag{9-1-4}$$

$$q = h(t_w - t_f) \tag{9-1-5}$$

在以上两式中,A 为换热表面积,m^2;h 表示对流换热大小的比例系数,称为表面传热系数或对流换热系数,$W/(m^2 \cdot K)$;t_w、t_f 分别为固体壁面温度和流体温度,℃。

式(9-1-4)和式(9-1-5)通常称为牛顿冷却公式。对流换热系数 h 是对流换热问题的核心,多种因素均会对其造成影响,包括流体的物理性质、换热表面的形状、大小和布置方式、流速等。当知道了对流换热系数 h 以后,就可以由式(9-1-4)或式(9-1-5)很容易计算出对流换热量了。对流换热系数的求解包括理论解、数值解,以及便于工程应用计算的大量经验公式等,这些将在后面的内容做相应介绍。式(9-1-4)可以改写为以下形式

$$q = \frac{t_w - t_f}{\frac{1}{Ah}} = \frac{t_w - t_f}{R_h} \tag{9-1-6}$$

式中,$R_h = \frac{1}{Ah}$,称为对流换热热阻,单位为 K/W。

(三)热辐射

热辐射是由于物体内部微观粒子的热运动(或者说由于物体自身的温度)而使物体向外发射辐射能的现象。可以由电磁理论和量子理论来对热辐射现象进行解释。电磁理论认为辐射能是由电磁波进行传输的能量,量子理论认为辐射能是由不连续的微观粒子(光子)所携带的能量,光子与电磁波都以光速进行传播。在日常生活和工业上常见的温度范围内,热辐射的波长主要在 0.1μm 至 100μm 之间,包括部分紫外线、可见光和部分红外线三个波段。与导热和热对流相比,以下三个特点是热辐射所具备的。

(1)热辐射总是伴随着物体的内热能与辐射能这两种能量形式之间的相互转化。当物体发射辐射能时,它的内能转化为辐射能,当物体吸收辐射能时,被吸收的辐射能又转化为物体的内能。即使当物体和周围的环境处于热平衡时,辐射和吸收的正常进行是不会受到任何影响的,只是达到了一个动态的平衡,辐射换热量为零。

(2)即使在真空中热辐射也可以正常传播。而导热必须依靠两个直接接触的物体或一个物体内部在温差的推动下进行传递,热对流必须依靠流体介质。

(3)物体间以热辐射的方式进行的热量传递是双向的。只要物体的绝对温度高于 0K,它对外发送热辐射都不会受到任何影响。温度高的物体对外发送的热辐射较温度低的物体发送的热辐射更多,同一温度下具有不同表面辐射特性(如表面吸收率和发射率)的物体发射的辐射能和吸收的辐射能差别非常明显,但它们相互之间均向对方发送辐射能和吸收来自对方的辐射能。

物体之间的表面特性、温度、相互位置(决定辐射换热的角系数)等因素决定了其辐射换热量。

可以借助于斯忒藩—玻耳兹曼定律来实现热辐射的基本计算,它给出了黑体在单位时间单位面积对外发射的辐射热量的计算公式

$$E_b = \sigma_b T^4 \tag{9-1-7}$$

式中,E_b 为黑体表面单位时间、单位面积对外发射的辐射热量,又称为黑体的辐射力,W/m^2;σ_b 为黑体的辐射常数,也称为斯忒藩—玻耳兹曼常量,它等于 5.67×10^{-8} W/(m$^2 \cdot$ K^4);T 为黑体的绝对温度,K。

式(9-1-7)形式简单,很好地体现了物体的辐射力与物体温度的 4 次方的关系,因此又称为四次方定律。所谓黑体是指吸收率为 1 的物体,也就是能够百分之百地吸收投入到其上的热辐射的物体。黑体是一种理想的物体,它的吸收和发射辐射的能力都最大。实际物体的吸

收和辐射能力都比黑体小,为了对式(9-1-7)进行修正,特引入了一个反映实际物体发射特性的参数

$$E = \varepsilon \sigma_b T^4 \tag{9-1-8}$$

式中,ε 为实际物体的发射率,是个小于 1 的数,习惯上又称之为黑度,反映实际物体的辐射能力接近黑体的程度,它与多种因素有关。

由于辐射换热是相互的,在计算物体表面的辐射换热时,其自身对外发射辐射和吸收外来的投入辐射的总和也是需要考虑在内的。在有空调的房间内,夏天和冬天的室温均控制在20℃,夏天只需穿衬衫,但冬天穿衬衫会感到冷,这是由于人体和周围的墙体之间进行辐射换热的换热量不同造成的。

二、传热学的研究内容、方法、进展与展望

(一)传热学的研究内容

热能是自然界最普遍的一种能量存在形式。宇宙中一切物质,无论是像人、树木一样的生物体,还是像尘土、冰川一样的非生物体,都具有一定的热能。物质温度的高低可以说是其具有热能多少的宏观表现。根据热力学第二定律,凡是有温差的地方,就有热能自发地从高温物体传向低温物体,或从物体的高温部分传向低温部分。在不会引起歧义的情况下,通常也将热能传递称为热量传递。

传热学就是研究在温差作用下热量传递规律及其应用的一门科学。传热学和热力学都属于物理学中热学的分支。传热学的研究历史最早可追溯到 1701 年,英国科学家牛顿(I.Newton)在估算烧红铁棒的温度时,被后人称为牛顿冷却定律的数学表达式即在此时得以提出。1804—1822 年,法国物理学家毕渥(J.B.Biot)、傅里叶(J.B.J.Fourier)等开始了导热问题的系统研究。1800 年,英国天文学家赫歇尔(F.W.Herschel)在观察太阳光谱的热效应时发现了红外线,随后众多的物理学家对热辐射进行了理论和实验研究。到 20 世纪 30 年代,传热学逐渐成为一门独立的学科。

虽然热量传递的三种基本机理(热传导、热对流和热辐射)是大家所熟知的,但是一个具体问题究竟包含哪一种或哪几种热量传递方式,这些热量传递方式之间是怎样的关系,想要对其进行判断的话就需要利用传热学知识了,这也是研究传热问题的基础。温差是传热的条件,确定物体内部的温度分布就成为传热问题研究的核心。在很多的工程问题中,我们还必须定量计算热量传递的速率,以便对换热设备进行设计或者优化。以上这些内容就构成了传热学的主要研究内容。

传热学中,热量传递速率大小可借助于热流量和热流密度表示出来。热流量表示单位时间内通过某一给定面积的热量,用符号 φ 表示,其国际单位是 W;热流密度则是单位时间内通过单位面积的热量,用 q 表示,国际单位为 W/m^2。

(二)传热学的研究方法

热力学第一定律和第二定律为传热学和工程热力学的基础,但两者的研究内容有所不同。工程热力学着重研究平衡状态下机械能和热能之间相互转换的规律,而传热学则研究由于存

在温差而引起的不可逆的热量传递的规律。以将一个钢锭从1000℃在油槽中冷却到100℃为例，从热力学可以了解每千克钢锭在这一冷却过程中散失的热量。假定钢锭的比热容为450J/(kg·K)，则每千克钢锭损失的热力学能为405kJ。但是，从热力学不能确定达到这一温度需要的时间。这一时间取决于油槽的温度、油的运动情况、油的物理性质等，这正是传热学的研究内容。

立足于物体温度与时间的依变关系的角度来看，热量传递过程可区分为稳态过程(又称定常过程)与非稳态过程(又称非定常过程)两大类。凡是物体中各点温度不随时间而改变的热传递过程均称为稳态热传递过程，反之则称为非稳态热传递过程。

工程中的传热问题可分为两种类型：一类是计算传递的热流量，并且有时要力求增强传热，有时则力求削弱传热。例如，汽车发动机中循环使用的冷却水在散热器中放出热量，为了使散热器紧凑、效率高，必须增强传热；又如为了使热力设备减少散热损失，必须外加保温层以削弱传热。另一类是确定物体内各点的温度，以便进行温度控制和其他计算(如热应力计算)，例如确定燃气轮机叶片和锅炉汽包壁内的温度分布即属于这一类。这些传热问题得到很好解决的前提条件为，必须具备热量传递规律的基础知识和分析工程传热问题的基本能力，掌握计算工程传热问题的基本方法，并具有相应的计算能力及一定的实验技能。

与其他学科一样，在传热学的研究中，一些对现象进行科学简化的假设也得以引入进来。这些假设一般分为两类。一类属于普遍性的假设，例如在本书所讨论的范围内均假设所研究的物体为连续体，即物体内各点的温度等参数为时间和空间坐标的连续函数。若不考虑物质的微观结构，只要所研究的物体尺寸与分子间相互作用的有效距离相比足够大，这一假设总是成立的。又如，假定所研究的物体是各向同性的，也即在同样的温度、压力下，物体内各点的物性与方向无关。另一类假设是针对某一类特定问题引入的，例如反映物体导热能力的导热系数总是随温度而变的，但为了简化计算而又不致出现明显的误差，而取为定值或适当的平均值。为了能在实际计算中做出恰当的简化和假设，必须对各种物理现象做详细的观察和分析，这就要求我们应具有丰富的理论知识和实践经验。在处理工程传热问题时，还必须熟悉和掌握传热机理、有关定律、测试技能和分析计算方法。

无论是理论分析还是实验研究均可使用热传递的研究方法，两者是相辅相成的。理论的基础是实践，并在不断实践中发展。所以，科学技术的进步和生产实践经验对于加强理论分析，进而更好地解决生产中有关热传递的问题，具有十分重要的意义。

1.传热问题的数学分析方法

在对传热现象充分认识的基础上，通过合理的简化和假设，建立简化的物理模型，再根据其物理模型建立描述该传热现象的数学模型，即微分方程及定解条件，其求解可以借助于解析的方法来实现。但是，由于实际问题的复杂性，获得分析解的仅有少数传热问题，而大多数问题由于数学上的困难尚不能获得分析解。虽然如此，数学分析方法在传热学研究中的地位仍然是不容忽视的。

2.传热问题的数值计算方法

采用数值计算方法时，把描述传热现象的微分方程组通过离散化改写成一组代数方程，通过迭代法、消元法等数值计算方法用计算机求解该代数方程组，就可以求得所研究区域中一些代表性地点上的温度及其他所需的物理量。它在能够求出导热问题的同时,还可以求解对流传热、辐射传热和整个传热过程的问题,已形成传热学的新分支——数值传热学。

3.传热问题的实验研究方法

由于工程实际问题的复杂性,实验研究方法仍是目前传热学的基本研究方法。由于实际传热设备往往比较庞大,要在这种设备上直接进行试验需花费较多的人力、物力,故实现起来难度比较大有时可以说是无法实现的。为了能有效地进行实验研究,常常采用缩小的模型进行实验。要使模型中的试验结果能应用到实际设备中,需按照相似理论的原则来组织试验、整理数据。

三、传热研究在工程中的应用

传热不仅是常见的自然现象,而且广泛存在于工程技术的各个领域。在能源动力、建筑环境、材料冶金、石油化工、机械制造、航空航天等工业中,传热学发挥着极其重要的作用;生物医学、电气电子、食品加工、轻工纺织、农业生产等领域也都在不同程度上依赖传热研究的最新成果。虽然在各行业中遇到的传热问题千差万别,但从传热研究的角度这些问题大致可分为两种:一种主要是为了确定物体内部或空间区域中的温度分布,以便对其温度进行控制,使设备能安全地运行;另一种则主要是为了计算传热过程中热量传递的速率,以及确定在一定条件下强化传热或削弱传热的技术途径。

下面对一些技术领域或工程中的传热现象及其应用情况进行简单介绍。

1.火力发电厂

火力发电厂是利用煤、石油、天然气等燃料生产电能的工厂。在火力发电厂生产过程中,燃料在锅炉中燃烧加热水使之成为蒸汽,将燃料的化学能转变成热能;蒸汽推动汽轮机旋转,热能转换成机械能;然后汽轮机带动发电机旋转,将机械能转变成电能。在整个过程中,在实现能量转换的同时也存在着大量的热量传递过程。

锅炉的水冷壁、过热器、再热器、省煤器、空气预热器及凝汽器等都是两种流体进行热交换的设备,这些设备的热力性能设计及其运行都直接影响机组的技术经济指标。机组中存在着如汽包、汽轮机的汽缸壁等一些厚壁设备,在启动、停机或变工况运行中其内部的温度控制对机组的安全性有重要的影响。发电机转子、定子及铁芯冷却技术的提高也是大机组发展中的一项关键技术。

2.建筑环境工程

为人们提供舒适的居住场所,同时最大化地节约能源消耗,是现代建筑设计的重要指标之一。在我国,目前建筑能耗约占全社会总能耗的1/3,其中,采暖和制冷消耗的最多,与气候条件相近的发达国家相比,我国建筑采暖能耗要高很多。因此,建筑物围护结构(墙体、门窗、屋顶等)的保温、隔热性能设计,将太阳能利用与建筑设计相结合,提高建筑物内暖通空调设备的能源利用效率都极为重要。

平板式太阳能集热器是收集太阳辐射能量进行热利用的一种装置,其中多种形式的传热问题都有所涉及。近年来,随着技术的不断成熟,该装置也越来越多地在节能建筑上得到应用。

随着人们生活水平的提高,空调可以说是早已走进了千家万户。在蒸汽压缩式空调制冷系统原理及蒸发器中冷凝器和蒸发器传热性能的改进,对缩小空调体积、提高能效起着关键作用。目前高效空调的制冷能效比(额定制冷量与额定功耗的比值)已达到6.0。

3.航空航天

太空中飞行的航天器,有很大的温差存在于向阳面和背阴面之间,如何阻挡太阳的高温热辐射和本身向低温(3K)太空的热辐射,确保座舱内宇航员的正常生活、工作,以及仪器设备的安全运行,在重返大气层时如何抵挡与大气摩擦产生的上千摄氏度高温,都是重要的工程传热问题。

4.金属热处理

在机械制造行业中,也存在着大量的传热问题,最为典型的就是金属热处理。金属热处理是将金属工件放在一定的介质中加热到适宜的温度,并在该温度下保持一定时间后,在不同的介质(空气、水、油)中冷却,通过改变金属材料表面或内部的显微组织结构来控制其性能的一种工艺。对热处理过程中不同工作条件、不同材质及几何形状下工件的温度场进行预测和控制,均需用到传热学的知识。

5.电子芯片的冷却

随着微电子制造技术的不断进步,蚀刻尺寸(在一个硅晶圆上所能蚀刻的一个最小尺寸)已从早期的 $3\mu m$ 发展到现在的 $20\sim60nm$。虽然器件尺寸的缩小使得芯片上每个器件的功耗有所降低,但是电路的集成度增加了几个数量级,整个电子芯片单位面积上产生的热量急剧上升。如果该热量无法及时散出的话,电子芯片温度就会上升,当温度超过一定极限就会发生故障或失效。一方面传热技术的有效利用为芯片的冷却提供了保障,图9-1-4所示为一款台式计算机 CPU 的散热器;另一方面为了应对更高密度电子芯片(或设备)的散热问题,发展了微尺度换热器、微型热管、微型记忆合金百叶窗、纳米流体等微细尺度的热控技术,传统的传热理论也因此得以有效拓展。

图 9-1-4 台式计算机 CPU 的散热器

第二节 导热基本定律

一、温度场

1.温度场的概念

温度场是指在某一时刻 τ，物体中各点温度的集合，如图 9-2-1 所示。温度场是标量场，是坐标与时间的函数，即

$$t=f(x,y,z,\tau) \tag{9-2-1}$$

式中，t 为温度；x、y、z 为空间直角坐标；τ 为时间。

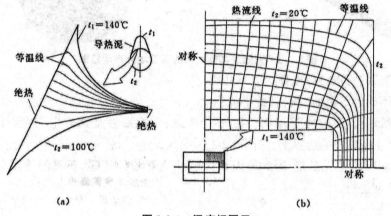

图 9-2-1 温度场图示

物体中各点的温度 t 分布不随时间 τ 面变化的温度场 $\left(\dfrac{\partial t}{\partial \tau}=0\right)$ 称为稳态温度场，如设备在正常工况下稳定运行时的温度场。物体中各点的温度分布随时间而变化的温度场 $\left(\dfrac{\partial t}{\partial \tau}\neq 0\right)$ 称为非稳态温度场，如设备启动、停机或变工况时的温度场。

根据温度随空间坐标的分布规律的不同，温度场又可分为一维温度场如 $t=f(x,\tau)$、$t=f(y,\tau)$、$t=f(z,\tau)$，二维温度场如 $t=f(x,y,\tau)$、$t=f(y,z,\tau)$、$t=f(x,z,\tau)$ 和三维温度场 $t=f(x,y,z,\tau)$。图 9-2-2 是 t 只沿着 x 方向变化的一维温度场。

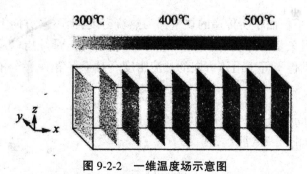

图 9-2-2 一维温度场示意图

2.等温面及等温线

在一个非等温的物体内部,把同一瞬间物体内温度相同的各点连接起来构成的面称为等温面,它可能是平面,也可能是曲面。在任何一个二维的截面上,等温面表现为等温线。在对导热问题的研究中,常采用等温线的形式定性描述物体内的温度场情况。图 9-2-3 所示为等温线表示的一个物体内的温度场示例。

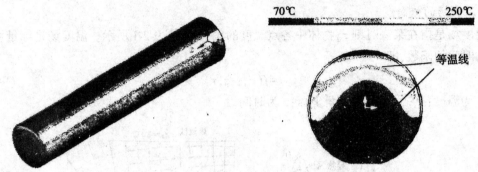

图 9-2-3 钢棒及其横截面的温度场分布示意图

等温面(线)的特点可以概括为以下几点。

(1)温度不同的等温面(线)彼此不能相交。

(2)在连续的温度场中,等温面(线)不会中断,它们或者是物体中完全封闭的曲面(曲线),或者就终止于物体的边界上,如图 9-2-3 所示。

(3)等温面(线)上无温差,因此等温面(线)上无热量的传递,热量的传递只能在不同的等温面(线)之间进行。

3.温度梯度

如图 9-2-4 所示,热流只能在两个等温线(面)之间进行传递,在具有连续温度场的物体内,过任意一点 P 温度变化率最大的方向位于等温线的法线方向上 $\vec{n}$,称过点 P 的最大温度变化率为温度梯度,常用 grad t 表示

$$\text{grad } t = \frac{\partial t}{\partial n}\vec{n} \qquad (9\text{-}2\text{-}2)$$

对于直角坐标系,则有

$$\text{grad } t = \nabla t = \frac{\partial t}{\partial x}\vec{i} + \frac{\partial t}{\partial y}\vec{j} + \frac{\partial t}{\partial z}\vec{k} \qquad (9\text{-}2\text{-}3)$$

4.热流密度矢量

单位时间内通过单位面积所传递的热量称为热流密度,而不同方向上的热流密度的大小不同,因此热流密度是矢量。温度场上任意一点的热流密度矢量是指以通过该点处最大热流密度的方向为方向、数值上等于沿该方向的热流密度。对于直角坐标系,有

$$\vec{q} = q_x\vec{i} + q_y\vec{j} + q_z\vec{k} \qquad (9\text{-}2\text{-}4)$$

式中,q_x、q_y、q_z 分别为 $\vec{q}$ 在 x、y、z 坐标轴上的分量。

对于任意方向,如图 9-2-5 所示,有

$$q_\theta = |\vec{q}|\cos\theta \qquad (9\text{-}2\text{-}5)$$

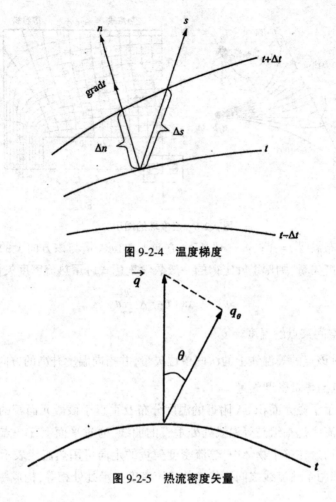

图 9-2-4　温度梯度

图 9-2-5　热流密度矢量

二、导热基本定律

1822 年法国数学物理学家傅里叶总结了固体导热的实践经验,指出在导热现象中,单位时间内通过给定截面所传递的热量,正比于垂直于该截面方向上的温度变化率,而热量传递的方向与温度升高的方向相反,即

$$\varphi = -\lambda A \frac{\partial t}{\partial x} \tag{9-2-6}$$

负号表示热量传递方向与温度升高方向相反。则单位时间内由于导热通过等温面单位面积的热流量则为

$$q = -\lambda \frac{\partial t}{\partial x} \tag{9-2-7}$$

其中　　q——热流密度 w/m²(单位时间内通过单位面积的热流量);

　　　　$\frac{\partial t}{\partial x}$——物体温度沿 x 轴方向的变化率。

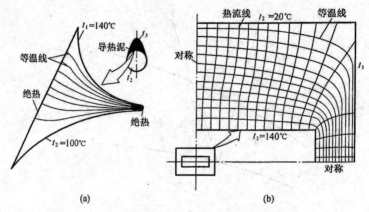

图 9-2-6　温度场的图示

若物体温度分布满足 $t=f(x,y,z)$ 时,三个方向上单位矢量与该方向上的热流密度分量乘积合成一个热流密度矢量,则傅里叶定律的一般数学表达式可用热流密度矢量写出,其形式为

$$\bar{q}=-\lambda \operatorname{grad} t=-\lambda \frac{\partial t}{\partial n}\bar{n} \tag{9-2-8}$$

其中　　grad——空间某点的温度梯度;

$\bar{n}$——通过该点的等温线上的法向单位矢量,并指向温度升高的方向;

$\bar{q}$——该点的热量密度矢量。

图 9-2-7(a)表示了微元面积 dA 附近的温度分布及垂直于该微元面积的热流密度矢量的关系。可以看出热流线是一组与等温线处处垂直的曲线,通过平面上任一点的热流线与该点的热流密度矢量相切。在整个物体中,热流密度矢量的走向可用热流线表示。如图 9-2-7(b)所示,其特点是相邻两个热流线之间所传递的热流密度矢量处处相等,构成一热流通道。

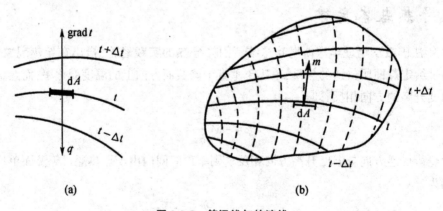

图 9-2-7　等温线与热流线

(a)温度梯度与热流密度矢量;(b)等温线(实线)与热流线(虚线)

三、导热系数

1.导热系数的含义

导热系数 λ 是衡量物质导热能力的重要参数。其定义式可由式(9-2-8)得出

$$\lambda = \frac{-q}{\frac{\partial t}{\partial n}} \quad W/(m \cdot ℃) \tag{9-2-9}$$

由式(9-2-9)可以看出导热系数 λ 是在单位温度梯度作用下,物体内部所传导的热流密度值。导热系数的数值表征着物质导热能力的大小。

2.导热系数的大致范围

导热系数通常由实验测定,一般物质三态中,固体的导热系数最大,液体次之,气体最小。导热系数的大致范围如下

金属导热系数	$\lambda = 2.2 \sim 420 W/(m \cdot ℃)$
液体导热系数	$\lambda = 0.07 \sim 0.7 W/(m \cdot ℃)$
气体导热系数	$\lambda = 0.006 \sim 0.6 W/(m \cdot ℃)$

日常生活中通常将导热系数小于 $0.23 W/(m \cdot ℃)$ 的材料称为隔热材料或保温材料。表9-2-1列出了一些常用材料的导热系数。

表 9-2-1 常用材料的导热系数

金属固体		其他固体	
名称	W/(m · K)	名称	W/(m · K)
银	407~418	锅炉水垢	0.58~2.33
纯铜	381~395	烟灰	0.058~0.116
铝	210~233	冰	2.21
含锌黄铜	93~116	霜或压紧的雪	0.47
钢、生铁	47~58	松软的雪	0.105
合金钢	17~35		

热绝缘材料		液体		气体	
玻璃棉	0.13~0.043	水	0.55~0.67	空气	0.024
石棉绳	0.099~0.209	滑冰	0.148	氢	0.176
软木板	0.044~0.079	重油	0.119	氟利昂 11 蒸气	0.077
泡沫塑料	0.041~0.056	氟利昂 12	0.0727	氟利昂 12 蒸气	0.010
泡沫聚氨基甲酸乙酯(氟利昂 11 作发泡剂)	0.021				

由表中可以看出紫铜是很好的导热材料,其导热系数值为 $395 W/(m \cdot ℃)$,可以用作冰箱的蒸发器管,聚氨基甲酸乙酯,其导热系数值为 $0.012 W/(m \cdot ℃)$ 可作为冰箱箱体隔热的好

材料。

3.影响导热系数的因素

导热系数的数值取决于物质的物理性质,与物质的种类和温度有关。前者已在前文进行了介绍,这里介绍一下导热系数随温度的变化规律。

各种物质的导热系数 λ 值都是温度的函数,但由于物质的结构、比重、湿度不同,有些物质的导热系数随温度上升而增大;相反,有些物质的导热系数值却随温度的上升而下降。有时同一种物质在不同的温度条件下也会有所不同,如水在 0℃ 到 120℃ 范围内,导热系数随温度升高而增大;而在 120℃ 到 1300℃ 之间却是随温度的升高而减小的。但大多数物质的导热系数随温度的变化都有一定的规律性。总体来说,金属的导热系数值随温度升高而减小,非金属固体的导热系数值随温度的升高而增大,液体的导热系数随温度升高而减小,气体的热系数值随温度的升高而增大。多孔性物质的导热系数值是固体与空隙内气体的导热系数值的组合值,因此与其密度 ρ 有关。例如冰的导热系数 λ 值为 2.22W/(m·℃),空气的导热系数 λ 值为 0.024W/(m·℃),而密度为 50 ~ 250kg/m³ 的雪或霜,其导热系数 λ 值为 0.03 ~ 0.175W/(m·℃)。

大多数建筑用材和隔热的热绝缘材料的气隙或小孔是对外开口的,很容易因毛细管作用而吸湿受潮。在小孔中吸收水分后,其导热系数 λ 值急剧增大,这是因为水分子的质传递方向与导热方向一致的缘故。例如,干砖的导热系数 λ 值为 0.349W/(m·℃);水的导热系数 λ 值为 0.58W(m·℃);而湿砖的导热系数 λ 值为 1.05W/(m·℃)。

第三节　稳态导热过程分析

一、典型一维稳态导热分析

(一)通过平壁的导热

1.第一类边界条件的单层平壁导热

最简单的一维稳态导热,是大平壁在没有内热源情况下的稳态导热。所谓大平壁是指长和宽比厚度大很多,并且厚度均匀的平壁。设平壁的厚度为 δ,两个表面保持恒定且均匀的温度 t_1、t_2,两侧面的面积均为 F,无内热源。平壁的物理性质参数为常数,不随温度变化,如图 9-3-1 所示。下面分析稳态时的热流密度和平壁内温度分布。

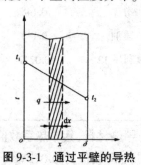

图 9-3-1　通过平壁的导热

因为平壁的长和宽比厚度大很多,所以在相同时间内,沿长度和宽度方向传递的热量和沿厚度方向传递的热量相比小得多,可以忽略不计。因此,可认为温度沿长、宽方向无变化,而只沿厚度方向发生变化,因此,此问题为一维稳态导热问题。则该导热问题的数学描写为:

导热微分方程$\dfrac{\mathrm{d}^2 t}{\mathrm{d}x^2}=0$

边界条件 $x=0$ 时 $t=t_1$;$x=\delta$ 时 $t=t_2$

对微分方程连续积分两次,得其通解

$$t=c_1 x+c_2$$

式中,c_1、c_2 为积分常数,代入边界条件中,可得

$$c_1=\frac{t_2-t_1}{\delta},c_2=t_1$$

则温度分布为

$$t=\frac{t_2-t_1}{\delta}x+t_1$$

由于 δ、t_1、t_2,均是定值,所以平壁中的温度成线性分布,即温度分布曲线的斜率是常数(温度梯度)

$$\frac{\mathrm{d}t}{\mathrm{d}x}=\frac{t_2-t_1}{\delta} \tag{9-3-1}$$

将上式代入傅里叶定律

$$q=-\lambda\,\frac{\mathrm{d}t}{\mathrm{d}x}$$

可得热流密度的表达式

$$q=\frac{\lambda(t_1-t_2)}{\delta}=\frac{\lambda}{\delta}\Delta t \tag{9-3-2}$$

如换热表面积为 A,则通过平壁的导热热流量为

$$\varPhi=\frac{\lambda}{\delta}\Delta t \tag{9-3-3}$$

2.第一类边界条件的多层平壁导热

工程上经常遇到多层平壁的导热问题,图9-3-2给出了三层平壁组成的多层平壁,各层材料厚度分别为 δ_1、δ_2 和 δ_3,导热系数分别为 λ_1、λ_2 和 λ_3,且为常数。多层平壁的两外表面温度均匀而恒定,分别为 t_1 和 t_4。假定各层间接触良好,层间分界面无温差,两个分界面的温度分别设定为 t_2 和 t_3,为未知。

由单层平壁导热公式可知

第一层 $q=\dfrac{\lambda_1}{\delta_1}(t_1-t_2)$,即 $t_1-t_2=\dfrac{q}{\dfrac{\lambda_1}{\delta_1}}$

第二层 $q = \dfrac{\lambda_2}{\delta_2}(t_2 - t_3)$，即 $t_2 - t_3 = \dfrac{q}{\dfrac{\lambda_2}{\delta_2}}$

第三层 $q = \dfrac{\lambda_3}{\delta_3}(t_3 - t_4)$，即 $t_3 - t_4 = \dfrac{q}{\dfrac{\lambda_3}{\delta_3}}$

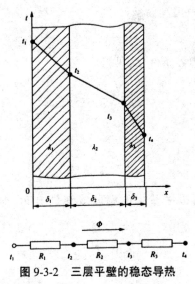

图 9-3-2 三层平壁的稳态导热

平壁的稳态导热过程中各层的热流密度相等,因此将上述三式相加,得

$$t_1 - t_4 = q \left[\dfrac{1}{\dfrac{\lambda_1}{\delta_1}} + \dfrac{1}{\dfrac{\lambda_2}{\delta_2}} + \dfrac{1}{\dfrac{\lambda_3}{\delta_3}} \right]$$

则得到导热热流密度计算公式

$$q = \dfrac{t_1 - t_4}{\dfrac{\delta_1}{\lambda_1} + \dfrac{\delta_2}{\lambda_2} + \dfrac{\delta_3}{\lambda_3}} \tag{9-3-4}$$

如换热表面积为 A,则通过多层平壁的导热热流量为

$$q = \dfrac{t_1 - t_4}{\dfrac{\delta_1}{\lambda_1 A} + \dfrac{\delta_2}{\lambda_2 A} + \dfrac{\delta_3}{\lambda_3 A}} \tag{9-3-5}$$

将解得的热流密度 q 代入各层导热公式,得层间分界面上的未知温度 t_2 和 t_3

$$t_2 = t_1 - q \dfrac{\delta_1}{\lambda_1}$$

$$t_3 = t_2 - q \dfrac{\delta_2}{\lambda_2}$$

因为在每一层中的温度分布分别都是直线规律,因此在整个多层平壁导热中的温度分布将是折线,如图 9-3-2 所示。

令上述公式中的 $r_1 = \dfrac{\delta_1}{\lambda_1}, r_2 = \dfrac{\delta_2}{\lambda_2}, r_3 = \dfrac{\delta_3}{\lambda_3}; R_1 = \dfrac{\delta_1}{\lambda_1 A}, R_2 = \dfrac{\delta_2}{\lambda_2 A}, R_3 = \dfrac{\delta_3}{\lambda_3 A}$

则有

$$q = \frac{t_1 - t_4}{r_1 + r_2 + r_3} \tag{9-3-6}$$

$$\Phi = \frac{t_1 - t_4}{R_1 + R_2 + R_3} \tag{9-3-7}$$

无内热源的 n 层平壁一维稳态导热热流密度计算公式

$$q = \frac{t_1 - t_{n+1}}{\sum\limits_{i=1}^{n} r_i} = \frac{t_1 - t_{n+1}}{\sum\limits_{i=1}^{n} \dfrac{\delta_i}{\lambda_i}} \tag{9-3-8}$$

其中第 i 层壁面的右侧温度为

$$t_{i+1} = t_i - q\frac{\delta_i}{\lambda_i} \tag{9-3-9}$$

3.第三类边界条件的平壁导热

厚度为 δ，表面积为 A 的无内热源单层平壁的两侧分别与温度恒为 t_{f1}、t_{f2} 的流体进行对流换热，对流换热系数分别为 h_1、h_2，平壁的导热系数 λ 为常数。这种两侧为第三类边界条件的导热过程，是常见的热流体通过平壁传热给冷流体的传热过程。

假定平壁两侧温度分别为 t_{w1}、t_{w2}，数学描写为

导热微分方程 $\dfrac{\mathrm{d}^2 t}{\mathrm{d}x^2} = 0$

边界条件 $x=0$ 时 $-\lambda\dfrac{\mathrm{d}t}{\mathrm{d}x} = h_1(t_{f1} - t_{w1})$

$x = \delta$ 时 $-\lambda\dfrac{\mathrm{d}t}{\mathrm{d}x} = h_2(t_{w2} - t_{f2})$

由平壁一维稳态导热的热流密度公式和温度梯度公式可知

$$q = \frac{\lambda}{\delta}(t_{w1} - t_{w2}) \tag{a}$$

$$\frac{\mathrm{d}t}{\mathrm{d}x} = -\frac{t_{w1} - t_{w2}}{\delta} \tag{b}$$

将式(a)、式(b)代入边界条件中，有

$$x = 0 \text{ 时 } q = h_1(t_{f1} - t_{w1}) \tag{c}$$

$$x = \delta \text{ 时 } q = h_2(t_{w2} - t_{f2}) \tag{d}$$

将式(a)、式(c)、式(d)三式联立求解，可得

$$q = \frac{t_{f1} - t_{f2}}{\dfrac{1}{h_1} + \dfrac{\delta}{\lambda} + \dfrac{1}{h_2}} = k(t_{f1} - t_{f2})$$

$$\Phi = \frac{t_{f1} - t_{f2}}{\dfrac{1}{h_1 A} + \dfrac{\delta}{\lambda A} + \dfrac{1}{h_2 A}} = kA(t_{f1} - t_{f2})$$

n 层平壁的第三类边界条件稳态导热过程的计算式

$$q = \frac{t_{f1} - t_{f2}}{\dfrac{1}{h} + \sum_{i=1}^{n} \dfrac{\delta_i}{\lambda_i} + \dfrac{1}{h_2}} \tag{9-3-10}$$

(二)通过圆筒壁的导热

1.单层圆筒壁的导热

工程中常用圆筒壁作为换热壁面,如锅炉换热管、热力管道、换热器等。这些圆筒壁的长度通常远大于其半径和厚度,沿轴向的温度变化可以忽略不计。在分析此类导热问题时,采用圆柱坐标系更为方便。

一个内外半径分别为 r_1 和 r_2 的圆筒壁,长度为 $l(l \gg r)$,无内热源,导热系数为常数,内外表面温度维持均匀而恒定,分别为 t_1 和 t_2。建立如图 9-3-3 所示的圆柱坐标系,则该导热问题的数学描写为

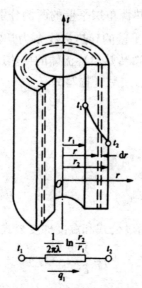

图 9-3-3　通过圆筒壁的导热

导热微分方程 $\dfrac{d}{dr}\left(r \dfrac{dt}{dr} \right) = 0$

边界条件 $r = r_1$ 时 $t = t_1$；$r = r_2$ 时 $t = t_2$

对微分方程连续积分两次,得其通解

$$t = c_1 \ln r + c_2$$

式中, c_1、c_2 为常数,代入边界条件得

$$c_1 = \frac{t_2 - t_1}{\ln \dfrac{r_2}{r_1}}, c_2 = t_1 - \ln r_1 \frac{t_2 - t_1}{\ln \dfrac{r_2}{r_1}}$$

上式代入导热微分方程的通解中得圆筒壁的温度分布为

$$t=t_1+\frac{t_2-t_1}{\ln\frac{r_2}{r_1}}\ln\frac{r}{r_1} \tag{9-3-11}$$

可见,圆筒壁中的温度分布呈对数曲线。

将式(9-3-11)代入傅里叶定律,得导热热流密度

$$q=-\lambda\frac{\mathrm{d}t}{\mathrm{d}r}=\frac{\lambda}{r}\frac{t_1-t_2}{\ln\left(\frac{r_2}{r_1}\right)} \tag{9-3-12}$$

由此可见,通过圆筒壁导热时,不同半径处的热流密度与半径成反比。

通过整个圆筒壁面的热流量 Φ 则为

$$\Phi=2\pi rlq=\frac{2\pi\lambda l(t_1-t_2)}{\ln\frac{r_2}{r_1}}=\frac{t_1-t_2}{\dfrac{\ln\dfrac{r_2}{r_1}}{2\pi\lambda l}}=\frac{t_1-t_2}{R} \tag{9-3-13}$$

式中,$R=\dfrac{\ln\dfrac{r_2}{r_1}}{2\pi\lambda l}$ 为长度为1的圆筒壁的导热热阻。

由此可见,通过整个圆筒壁面的热流量是恒定的,不随半径的变化而变化。

2.多层圆筒壁的导热

与多层平壁相同,层间接触良好的多层圆筒壁的一维稳态导热可以采用串联热阻叠加原则进行计算。

三层圆筒壁

$$\Phi=\frac{t_1-t_4}{\dfrac{\ln\dfrac{r_2}{r_1}}{2\pi\lambda_1l}+\dfrac{\ln\dfrac{r_3}{r_2}}{2\pi\lambda_2l}+\dfrac{\ln\dfrac{r_4}{r_3}}{2\pi\lambda_3l}} \tag{9-3-14}$$

n 层圆筒壁

$$\Phi=\frac{t_1-t_{(n+1)}}{\sum_{i=1}^{n}\dfrac{1}{2\pi\lambda_i l}\ln\dfrac{r_{i+1}}{r_i}} \tag{9-3-15}$$

工程上常采用单位管长的热流量

$$q_t=\frac{\Phi}{l}=\frac{t_1-t_{(n+1)}}{\sum_{i=1}^{n}\dfrac{1}{2\pi\lambda_i}\ln\dfrac{r_{i+1}}{r_i}}$$

(三)通过球壁的导热

如图 9-3-4 所示,对于内外表面维持均匀恒定温度 t_1、t_2 的无内热源的空心球壁的导热,在

球坐标系中也是一维稳态导热问题,设其内外半径分别为 r_1、r_2,导热系数为常数,则该球壁的导热微分方程

$$\frac{1}{r^2}\frac{\partial}{\partial r}\left(r^2\frac{\partial t}{\partial r}\right)=0$$

边界条件 $r=r_1$ 时 $t=t_1$;$r=r_2$ 时 $t=t_2$

积分求解后,可得温度分布

$$t=t_2+(t_1-t_2)\frac{\dfrac{1}{r}-\dfrac{1}{r_2}}{\dfrac{1}{r_1}-\dfrac{1}{r_2}} \tag{9-3-16}$$

由傅里叶定律可得热流密度

$$q=\frac{\lambda(t_1-t_2)}{r^2\left(\dfrac{1}{r_1}-\dfrac{1}{r_2}\right)} \tag{9-3-17}$$

导热热流量

$$\Phi=\frac{4\pi\lambda(t_1-t_2)}{\dfrac{1}{r_1}-\dfrac{1}{r_2}} \tag{9-3-18}$$

可见,和圆筒壁导热不同,球壁的导热热流密度和半径的平方成反比。通过球壁的总热流量仍然和半径无关。

导热热阻

$$R=\frac{1}{4\pi\lambda}\left(\frac{1}{r_1}-\frac{1}{r_2}\right) \tag{9-3-19}$$

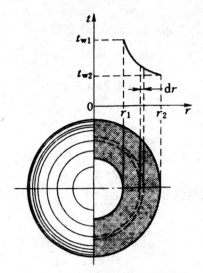

图 9-3-4　单层球壁的稳态导热

（四）具有内热源的导热问题

工程中常会遇上有内热源的导热问题,如化工过程中的放热、吸热反应,燃烧过程,和电流通过时的发热现象等。内热源的存在将会改变导热物体内的温度分布,下面以有内热源的单层平壁进行分析。

如图 9-3-5 所示,厚度为 2δ 的平壁具有均匀的内热源 $\dot\Phi$,其两侧同时与温度为 t_f、对流换热系数为 h 的流体进行对流换热,导热系数 λ 为常数。

由于对称性,只要研究板厚的一半即可,在板厚的中间建立坐标系的原点,如图 9-3-5 所示,则该导热问题的数学描写为

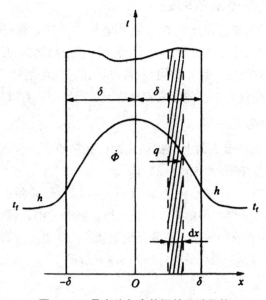

图 9-3-5　具有均匀内热源的平壁导热

导热微分方程 $\dfrac{d^2 t}{dx^2}+\dfrac{\dot\Phi}{\lambda}=0$

边界条件 $x=0$ 时 $\dfrac{dt}{dx}=0$；$x=\delta$ 时 $-\lambda\dfrac{dt}{dx}=h(t-t_f)$

对微分方程连续积分两次,得其通解

$$t=-\frac{\dot\Phi}{2\lambda}x^2+c_1 x+c_2$$

式中,c_1、c_2 为积分常数,代入边界条件得

$$c_1=0,\ c_2=\frac{\dot\Phi}{2\lambda}\delta^2+\frac{\dot\Phi}{h}\delta+t_f$$

上式代入导热微分方程的通解中,得平板中的温度分布为

$$t=-\frac{\dot\Phi}{2\lambda}(\delta^2-x^2)+\frac{\dot\Phi}{h}\delta+t_f \tag{9-3-20}$$

温度梯度为

$$\frac{dt}{dx} = -\frac{\dot{\Phi}}{\lambda}x$$

则按傅里叶定律可得任一位置 x 处热流密度

$$q = -\lambda\frac{dt}{dx} = \dot{\Phi}x \tag{9-3-21}$$

与无内热源的平壁导热相比,有内热源的导热的热流密度不再是常数,温度分布也不再是直线而是抛物线,当内热源不为定值时,温度分布规律将更加复杂。

(五)变截面或变导热系数问题

上述求解导热问题的主要途径分两步:先是求解导热微分方程,获得温度场;然后根据傅里叶定律和已获得的温度场计算热流量,这是用分析法求解导热问题的一般顺序。对于稳态、无内热源、第一类边界条件下的一维导热问题,可以不通过温度场计算,直接采用傅里叶定律积分方法而获得热流量,而且对于变截面或变导热系数问题更为有效。

(六)肋片导热问题

所谓肋片,是指依附于基础表面上的扩展表面。在换热面上设置肋片,可以增加换热面积,从而达到降低对流换热热阻、增强传热的目的。

肋片导热不同于平壁和圆筒壁的导热,它有一个基本特征,热量沿肋片伸展方向传导的同时,还存在肋片表面与周围流体之间的对流换热。因此在肋片中,沿肋片伸展方向的导热热流量是不断变化的。肋片导热分析的主要任务是确定肋片内的温度分布和肋片的散热量。

肋片的形式很多,一些典型形状的肋片如图 9-3-6 所示。

(a)矩形   **(b)圆柱形**   **(c)三角形**   **(d)圆锥形**   **(e)圆环形**

图 9-3-6 常见肋片的几何形状

1.通过等截面直肋的导热

取如图 9-3-7(a)所示的等截面矩形直肋片中的一片为研究对象,设肋片为均质,横截面积为 A,截面周长为 P;肋基(肋片与基础表面相交处)与周围流体温度分别是 t_0 和 t_∞;肋片的导热系数 λ、对流换热系数 h 均为常数,如图 9-3-7(b)所示。

为简化分析,做如下假设。

①肋片材料均匀,热导率 λ 为常数。

②肋片根部与肋基接触良好,温度一致,即不存在接触热阻。

③肋片的导热热阻 δ/λ 与肋片表面的对流传热热阻 $1/h$ 相比很小,可以忽略。一般肋片都用金属材料制造,热导率很大,肋片很薄,基本上都能满足这一条件。在这种情况下肋片的温度只沿高度方向发生变化,肋片的导热可以近似地认为是一维的。

④肋片表面各处与流体之间的表面传热系数 h 都相同。

⑤忽略肋片端面的散热量,即认为肋端面是绝热的。

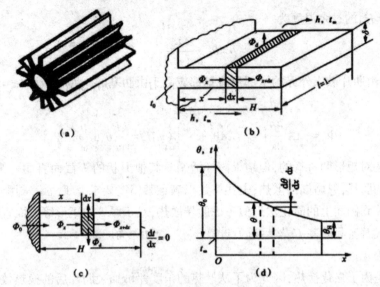

图 9-3-7　通过等截面直肋的传热

热量从肋基导入肋片,然后从肋根导向肋端,沿途不断有热量从肋的侧面以对流传热的方式散给周围的流体,这种情况可以当作肋片具有负的内热源来处理,于是,肋片的导热过程是具有负内热源的一维稳态导热过程,导热微分方程式为

$$\frac{\mathrm{d}^2 t}{\mathrm{d}x^2} - \frac{hP}{\lambda A}(t - t_\infty) = 0 \tag{9-3-22}$$

边界条件为

$$x = 0 \text{ 时}, t = t_0; x = H \text{ 时}, \frac{\mathrm{d}t}{\mathrm{d}x} = 0 \tag{9-3-23}$$

为便于求解二阶非齐次常微分方程,引入过余温度,即令 $\theta = t - t_\infty$,可得关于过余温度的齐次方程

$$\frac{\mathrm{d}^2 \theta}{\mathrm{d}x^2} = m^2 \theta \tag{9-3-24}$$

$$x = 0 \text{ 时}, t = t_0; x = H \text{ 时}, \frac{\mathrm{d}\theta}{\mathrm{d}x} = 0 \tag{9-3-25}$$

式中, $m = \sqrt{\dfrac{hP}{\lambda A}}$ 为常量

式(9-3-24)的通解为

$$\theta = c_1 \mathrm{e}^{mx} + c_2 \mathrm{e}^{-mx} \tag{9-3-26}$$

应用边界条件式(9-3-25),可得

$$c_1 = \theta_0 \frac{\mathrm{e}^{-mH}}{\mathrm{e}^{mH} + \mathrm{e}^{-mH}}, c_2 = \theta_0 \frac{\mathrm{e}^{mH}}{\mathrm{e}^{mH} + \mathrm{e}^{-mH}} \tag{9-3-27}$$

最后可得等截面直肋片内的温度分布

$$\theta = \theta_0 \frac{e^{m(H-x)} + e^{-m(H-X)}}{e^{mH} + e^{-mH}} = \theta_0 \frac{\text{ch}[m(H-x)]}{\text{ch}(mH)} \tag{9-3-28}$$

肋端处$(x=H)$的过余温度为

$$\theta = \theta_0 \frac{1}{\text{ch}(mH)} \tag{9-3-29}$$

在稳态下,由肋片散入外界的全部热流量都应等于由肋基导入肋根截面$(x=0)$的热流量,此热流量为

$$\Phi_0 = -\lambda A \frac{d\theta}{dx}\Big|_{x=0} = \lambda A \theta_0 m \cdot \text{th}(mH) = \frac{hP}{m}\theta_0\text{th}(mH) \tag{9-3-30}$$

上述分析是对矩形肋进行的,但结果同样适用于其他形状的等截面直肋一维稳态导热问题。对薄而高的肋片,忽略端面散热,上述解足以满足其精度要求。工程上常用修正肋高把肋片端面面积折算到侧面上的简化法近似考虑肋端散热,对于厚δ的矩形等截面直肋,用假想肋高$H' = H + \delta/2$代替实际肋高H,然后进行计算。

2.肋片效率

采用肋片是为了强化换热,因此为了从散热的角度评价加装肋片后的换热效果,引进肋片效率的概念。

$$肋片效率 \eta_f \frac{实际散热热量}{假设整个肋片表面处于肋基温度下的散热量}$$

肋片表面温度沿肋高方向逐渐降低,所以沿肋片伸展方向单位表面积的对流换热量也逐渐降低,即肋片效率是个小于1的值。

对于等截面直肋,有

$$\eta_f = \frac{\dfrac{hP}{m}\theta_0\text{th}(mH)}{hPH\theta_0} = \frac{\text{th}(mH)}{mH} \tag{9-3-31}$$

由图9-3-8、图9-3-9可知,由$m = \sqrt{\dfrac{hP}{\lambda A}}$可知,$mH$越小$\eta_f$越高。影响肋效率的主要因素有:肋片材料的导热系数$\lambda$越大,效率越高,通常选用$\lambda$较大的金属材料;肋表面与流体之间的换热系数$h$越大,效率越低,通常在$h$较小的一侧加肋较为合理,当壁面与气体换热,尤其是自然对流换热时,加肋效果很明显;几何形状量P/A越小,效率越高;当m一定时,肋片越高,效率越低。

实际上肋片总是成组地被采用,如图9-3-10所示。设流体的温度为t_f,流体与整个表面的对流换热系数为h,肋片的表面积为A_f;,两个肋片之间的根部表面积为A_r,根部温度为t_0,所有肋片与根部面积之和为A_0,则$A_0 = A_f + A_r$。计算该表面的对流换热量时,若以$t_0 - t_f$为温差,则有

$$\Phi = A_r h(t_0 - t_f) + A_f \eta_f h(t_0 - t_f) = h(t_0 - t_f)(A_r + A_f \eta_f)$$

$$= A_0 h(t_0 - t_f)\left(\frac{A_r + A_f \eta_f}{A_0}\right) = A_0 \eta_0 h(t_0 - t_f) \tag{9-3-32}$$

其中 $\eta_0 = \dfrac{A_r + A_f\eta_f}{A_0}$ 称为肋面总效率。显然总效率高于肋片效率。

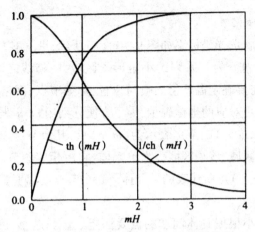

图 9-3-8 th(mH) 与 1/th(mH) 变化曲线

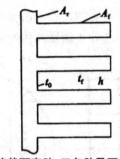

图 9-3-9 等截面直肋、三角肋及环肋的效率曲线

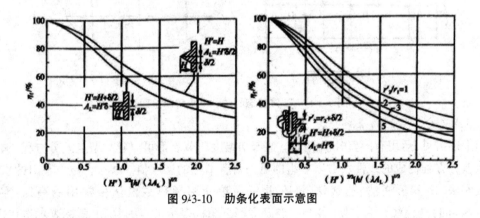

图 9-3-10 肋条化表面示意图

二、多维稳态导热分析

对于多维导热、几何形状不规则及边界条件复杂等情况下的导热问题,求解过程相当复杂,甚至无法求解。而数值解法中的有限差分法是求解复杂实际导热问题行之有效的方法。

有限差分法的基本原理是将连续的研究对象离散化,用导热物体空间区域内有限个离散点上温度值的集合,来近似代替物体内实际连续分布的温度场。把导热微分方程式转化为节点温度的差分方程组,解得所有节点的温度值即为温度场的数值解。现以二维稳态无内热源的导热为例进行分析。

1.研究对象的区域离散化

根据导热体的几何形状选择坐标系如图9-3-11(a)所示,沿 x,y 方向分别用一组与坐标轴平行的网格线将求解区域划分为一系列的小矩形子区域,网格线之间的间距 Δx、Δy 称为步长,以网格线的交点作为需要确定温度值的空间位置,称为节点,网格线与物体边界的交点称为边界节点。节点的位置用对应的坐标表示,为了方便分别用 m、n 表示各个节点沿坐标方向的编号,例如坐标为$(m\Delta x,m\Delta y)$的节点表示为(m,n)点,其余节点以此类推。每一个节点都代表一个以它为中心的小区域,该小区域称为单元体,它由相邻两节点连线的中垂线围成,如图中有阴影的区域翻为(m,n)点所代表的单元体。每个节点的温度就代表它所在单元体的平均温度。

划分网格时步长的大小根据具体问题的需要而定。步长越小,网格分得越细,节点数越多,近似的节点温度集合就越接近于连续的真实温度分布,但是相应的工作量也增大。一般采用等步长的均匀网格,也可以根据具体问题的特点采用非均匀网格,例如在温度变化较大的部分采用密集的网格,在温度变化较小的部分采用稀疏的网格。

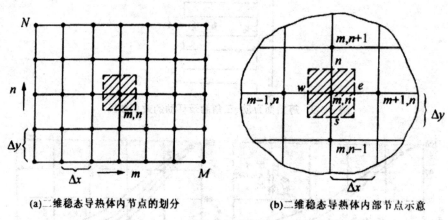

(a)二维稳态导热体内节点的划分   (b)二维稳态导热体内部节点示意

图9-3-11 二维稳态导热数值求解示意图

2.节点差分方程组的求解

由上述可见,运用有限差分法对于每个未知温度的节点都可以建立节点差分方程,求解所有节点差分方程构成的线性代数方程组即可求得各节点的温度值。线性代数方程组的求解方法有消元法、矩阵求逆法、迭代法等,在此仅简单介绍导热数值法中常用的高斯-赛德尔(Gauss-Seidel)迭代法。为方便,各个节点温度用下角标表示节点编号,上角标表示迭代次数,如 t_i^k 表示节点 i 的温度经过第 k 次迭代的结果。其步骤如下。

(1)首先假设一组节点的温度值 $t_1^0,t_2^0,\cdots,t_n^0$。假设值只影响迭代次数,而不影响最终解的结果。

(2)将假设的节点温度值代入节点方程组,依次求出各节点温度的新值 $t_1^1,t_2^1,\cdots,t_n^1$,(每次总是用各个节点当前最新算出的温度值来计算下一节点的温度值)。

（3）依此类推，直到相邻两次迭代计算出的两组温度值中各对应节点温度值的最大偏差小于规定的允许偏差 ε，即 $\max\left|\dfrac{t_i^k-t_i^{k-1}}{t_i^k}\right|<\varepsilon\,(i=1,2,\cdots,n)$ 第 k 次迭代结果即为所求。

当节点数目较多时，最好借助于计算机求解，且节点数越多，计算机求解的优越性越突出。

第四节　平壁与圆筒壁导热

一、平壁的稳态导热

（一）单层平壁的稳态导热

本文主要研究大平壁的稳态导热，大平壁的几何特征是长度和宽度的尺寸远大于其厚度。大平壁的边缘影响可以忽略，导热仅沿厚度方向进行，可按一维稳态导热处理。在工程计算中，当平壁的高和宽均大于 10 倍厚度时，就可作为大平壁处理。

如图 9-4-1 所示，有一单层平壁，其厚度为 δ，热导率为 λ，两个侧表面分别维持均匀稳定的温度 t_{w1} 和 t_{w_2}，且 $t_{w1}>t_{w2}$。由傅里叶定律得热流密度为

$$q=-\lambda\frac{\mathrm{d}t}{\mathrm{d}x}$$

当 $x=0$ 时，$t=t_{w1}$，$x=\delta$ 时，$t=t_{w2}$。由此边界条件积分上式可得

$$q=\frac{\lambda}{\delta}(t_{w1}-t_{w2}) \tag{9-4-1}$$

或

$$q=\frac{t_{w1}-t_{w2}}{\dfrac{\delta}{\lambda}}=\frac{\Delta t}{R} \tag{9-4-2}$$

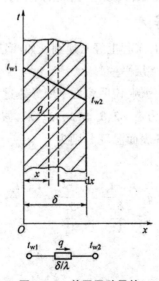

图 9-4-1　单层平壁导热

式中　　Δt——平壁两侧壁面的温度差,为导热推动力,℃;

　　　　R——通过平壁单位传热面积的导热热阻,$R=\dfrac{\delta}{\lambda}$,$m^2 \cdot K/W$。

若传热面积为 A,则单位时间内传递的热流量为

$$\varPhi = A\,\frac{\lambda}{\delta}(t_{w1}-t_{w2}) = \frac{t_{w1}-t_{w2}}{\dfrac{\delta}{\lambda A}} = \frac{\Delta t}{Rw} \tag{9-4-3}$$

式中　　Rw——单层平壁的总导热热阻,$Rw=\dfrac{\delta}{\lambda A}$,$K/W$。

式(9-4-2)或式(9-4-3)表明导热速率与导热推动力成正比,与导热热阻成反比。相同温差下,导热壁厚越小,导热面积和热导率越大,其导热热阻越小,平壁传递的热量就越多。可以看出,式(9-4-2)及式(9-4-3)与电工学上的欧姆定律的表达式相类似,温度差与电压相对应,导热热阻与电阻相对应,而热流密度或热流量与电流相对应。可归纳出自然界中传递过程的普遍关系为

$$过程的传递速率 = \frac{过程的推动力}{过程的阻力}$$

式(9-4-2)和式(9-4-3)均为单层平壁的导热计算公式。它适用于 λ 为常数,单层平壁两侧温差≤50℃的情况。

若单层平壁两侧温差超过50℃时,应将该层平壁的算术平均温度代入式(9-4-4)计算平均热导率。

$$\lambda = \lambda_0(1+bt_m) \tag{9-4-4}$$

$$t_m = \frac{t_{w1}+t_{w2}}{2}$$

式中,λ_0、b 为相对于不同材料的系数,其数值可在相关资料中查出。

(二)多层平壁的稳态导热

由多层不同材料组成的平壁在工程上经常遇到。如:锅炉的炉墙是由耐火砖层、保温砖层和表面涂层三种材料叠合而成的多层平壁。

如图 9-4-2 所示,以三层平壁为例,说明多层平壁导热过程的计算。

各层壁面厚度与热导率分别为 δ_1、δ_2、δ_3 与 λ_1、λ_2、λ_3,假设各层壁面面积均为 A,层与层之间相互接触的两表面温度相同,各表面温度分别为 t_{w1}、t_{w2}、t_{w3} 和 t_{w4},且 $t_{w1}>t_{w2}>t_{w3}>t_{w4}$,则稳态导热中通过各层的热流密度相等,即

$$q = \frac{t_{w1}-t_{w2}}{\dfrac{\delta_1}{\lambda_1}} = \frac{t_{w2}-t_{w3}}{\dfrac{\delta_2}{\lambda_2}} = \frac{t_{w3}-t_{w4}}{\dfrac{\delta_3}{\lambda_3}}$$

经整理得

$$t_{w1}-t_{w2} = q\,\frac{\delta_1}{\lambda_1}$$

$$t_{w2} - t_{w3} = q \frac{\delta_2}{\lambda_2}$$

$$t_{w3} - t_{w4} = q \frac{\delta_3}{\lambda_3}$$

将上述三式相加并整理得

$$q = \frac{t_{w1} - t_{w4}}{\dfrac{\delta_1}{\lambda_1} + \dfrac{\delta_2}{\lambda_2} + \dfrac{\delta_3}{\lambda_3}} \qquad (9\text{-}4\text{-}5)$$

三层平壁上的热流量为

$$\Phi = qA = \frac{t_{w1} - t_{w4}}{\dfrac{\delta_1}{\lambda_1 A} + \dfrac{\delta_2}{\lambda_2 A} + \dfrac{\delta_3}{\lambda_3 A}} \qquad (9\text{-}4\text{-}6)$$

相应地可以推出:对于 n 层平壁的热流密度和热流量为

$$q = \frac{t_{w1} - t_{w,n+1}}{\sum\limits_{i=1}^{n} \dfrac{\delta_i}{\lambda_i}} = \frac{t_{w1} - t_{w,n+1}}{\sum R} \qquad (9\text{-}4\text{-}7)$$

$$\Phi = \frac{t_{w1} - t_{w,n+1}}{\sum\limits_{i=1}^{n} \dfrac{\delta_i}{\lambda_i A}} = \frac{t_{w1} - t_{w,n+1}}{\sum R_W} \qquad (9\text{-}4\text{-}8)$$

上两式表明,通过多层平壁的稳态导热,总热阻等于各串联平壁分热阻之和。

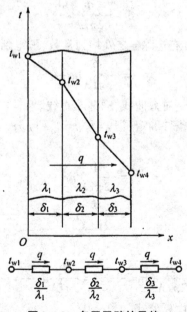

图 9-4-2　多层平壁的导热

必须指出的是:在上述多层平壁的计算中,是假设层与层之间接触良好,两个相接触的表面具有相同的温度。而实际多层平壁的导热过程中,固体表面并非是理想平整的,总是存在着一定的粗糙度,因而使固体表面接触不可避免地出现附加热阻,工程上称为"接触热阻",接触热阻的大小与固体表面的粗糙度、接触面的挤压力和材料间硬度匹配等有关,也与界面间隙内的流体性质有关。工程上常采用增加挤压力、在接触面之间插入容易变形的高热导率的填隙材料等措施来减小接触热阻。接触热阻的大小主要依靠实验确定。

二、圆筒壁的稳态导热

在热力设备中,许多导热体是圆筒形的,如热力管道、蒸汽管道、换热器中的换热管等。当圆筒壁的长度大于外径的 10 倍时,热流量的计算可不考虑沿轴向的温度变化,可按无限长的圆筒壁处理,仅考虑沿径向发生的温度变化。即,可按一维稳态导热处理。

圆筒壁与平壁导热的区别在于圆筒壁的传热面积随半径的增大而增大,沿半径方向传递的热流密度随半径的增大而减小,因此圆筒壁的导热问题应计算热流量 Φ 或单位管长的热流量 q_L。

(一)单层圆筒壁的稳态导热

如图 9-4-3 所示为一单层圆筒壁,其内半径为 r_1(内径为 d_1),外半径为 r_2(外径为 d_2);长度为 L;材料的热导率为 λ 且是常数;内、外壁温度分别保持 t_{w1} 和 t_{w2} 不变($t_{w1} > t_{w2}$),壁内温度只沿半径变化,属于一维稳态导热。热量从内壁沿半径方向向外壁传递,等温面为同心圆柱面。设想在圆筒半径 r 处,以两个等温面为界划分出一层厚度为 dr 的薄壁圆筒,其传热面积可视为常数,等于 $2\pi r L$;通过该薄层的温度变化为 dt。根据傅里叶定律,通过该薄圆筒壁的热流量可以表示为

$$\Phi = -\lambda A \frac{dt}{dr} = -\lambda (2\pi r L) \frac{dt}{dr}$$

分离变量后可得

$$dt = -\frac{\Phi}{2\pi L\lambda} \times \frac{dr}{r}$$

上式两端分别积分,注意到等号右边除 r 之外均为常数,可得到

$$t = -\frac{\Phi}{2\pi L\lambda} \ln r + C$$

上式表明圆筒壁内温度分布是一对数曲线,而并非直线。

上式中的积分常数由边界条件确定,把 $r=r_1$、$t=t_{w1}$ 和 $r=r_2$、$t=t_{w2}$ 两个边界条件分别代入上式得

$$t_{w1} = -\frac{\Phi}{2\pi L\lambda} \ln r_1 + C \tag{a}$$

$$t_{w2} = -\frac{\Phi}{2\pi L\lambda} \ln r_2 + C \tag{b}$$

将(a)和(b)两式相减得

$$t_{w1} - t_{w2} = \frac{\Phi}{2\pi L\lambda} (\ln r_2 - \ln r_1) = \frac{\Phi}{2\pi L\lambda} \ln \frac{r_2}{r_1} = \frac{\Phi}{2\pi L\lambda} \ln \frac{d_2}{d_1}$$

由此可得单层圆筒壁的热流量计算公式

$$\Phi = \frac{2\pi L\lambda (t_{w1} - t_{w2})}{\ln \frac{d_2}{d_1}} = \frac{t_{w1} - t_{w2}}{\frac{1}{2\pi L\lambda} \ln \frac{d_2}{d_1}} = \frac{\Delta t}{R_w} \tag{9-4-9}$$

式中　　R_W——单层圆筒壁的总导热热阻，$R_W = \dfrac{1}{2\pi L\lambda}\ln\dfrac{d_2}{d_1}$，K/W；

　　　　Δt——圆筒壁两侧壁面的温度差，$\Delta t = t_{w1} - t_{w2}$ 为导热推动力，℃。

　　工程上为计算方便，常按单位管长计算热流量，记为 q_L，单位为 W/m

$$q_L = \frac{\Phi}{L} = \frac{t_{w1} - t_{w2}}{\dfrac{1}{2\pi\lambda}\ln\dfrac{d_2}{d_1}} = \frac{\Delta t}{RL} \qquad (9\text{-}4\text{-}10)$$

式中　　R_L——单层圆筒壁单位管长的导热热阻，$R_L = \dfrac{1}{2\pi\lambda}\ln\dfrac{d_2}{d_1}$，m·K/W。

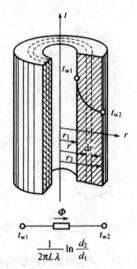

图 9-4-3　单层圆筒壁的稳态导热

（二）多层圆筒壁的稳态导热

由几种不同材料组合成的多层圆筒壁在工程上有着广泛的应用，如包有保温材料的热管道等。如图 9-4-4 所示为一个由三种不同材料组成的圆筒壁。已知从内到外各层管壁的内外半径分别为 r_1、r_2、r_3、r_4（直径分别为 d_1、d_2、d_3、d_4），各层材料的热导率分别为 λ_1、λ_2、λ_3，假定各层两侧温度恒定，且各层间无接触热阻，即两层间分界面处于同一温度。圆筒壁内外表面的温度分别为 t_{w1} 和 t_{w4}，且 $t_{w1} > t_{w4}$，各层间接触面的温度分别为 t_{w2} 和 t_{w3}。稳态导热时每一层管壁的单位管长热流量 q_L 都相等。

多层圆筒壁与多层平壁相类似，三层管壁的单位管长的总导热热阻等于各层管壁单位管长的导热热阻之和，即

$$\sum R_L = \frac{1}{2\pi\lambda_1}\ln\frac{d_2}{d_1} + \frac{1}{2\pi\lambda_2}\ln\frac{d_3}{d_2} + \frac{1}{2\pi\lambda_3}\ln\frac{d_4}{d_3} \qquad (9\text{-}4\text{-}11)$$

则通过三层圆筒壁单位管长的热流量为

$$q_L = \frac{t_{w1} - t_{w4}}{\dfrac{1}{2\pi\lambda_1}\ln\dfrac{d_2}{d_1} + \dfrac{1}{2\pi\lambda_2}\ln\dfrac{d_2}{d_2} + \dfrac{1}{2\pi\lambda_3}\ln\dfrac{d_4+1}{d_3}} \qquad (9\text{-}4\text{-}12)$$

相应地可以推出对于 n 层圆筒壁单位管长的热流量为

$$q_{\mathrm{L}} = \frac{t_{\mathrm{w}1} - t_{\mathrm{w},n+1}}{\sum\limits_{i=1}^{n} \dfrac{1}{2\pi\lambda_i} \ln \dfrac{d_i+1}{d_i}} \qquad (9\text{-}4\text{-}13)$$

在已知多层圆筒壁热导率、直径及内外壁面温度后可按上式计算 q_{L}，然后针对每一层按单层圆筒壁导热计算公式，计算层间未知温度。

单层圆筒壁和多层圆筒壁的计算公式均适用于热导率 λ 为常数，且内、外壁温差相差不大的情况。当内、外壁温差较大时，仍然要用式（9-4-4）先计算其平均热导率，再代入热流量公式进行计算。

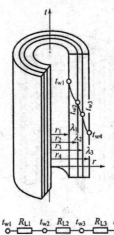

图 9-4-4　三层圆筒壁的稳态导热

（三）圆筒壁稳态导热的简化计算

圆筒壁的导热计算公式中出现了对数项，计算时不太方便，工程上常作简化处理。在实际工程中，$\dfrac{d_2}{d_1} < 2$ 时，可以将圆筒壁的导热计算用平壁导热计算来代替，简化处理后的误差不大于 4%，能满足工程计算的要求。

对于单层圆筒壁，单位管长热流量简化计算公式为

$$q_{\mathrm{L}} = \frac{t_{\mathrm{w}1} - t_{\mathrm{w}2}}{\dfrac{\delta}{\pi d_m \lambda}} \qquad (9\text{-}4\text{-}14)$$

式中　　d_m——圆筒壁的平均直径，$d_m = \dfrac{d_1+d_2}{2}$，m；

　　　　δ——圆筒壁的厚度，$\delta = \dfrac{d_2-d_1}{2}$，m。

对于多层圆筒壁，单位管长热流量简化计算公式为

$$q_{\mathrm{L}} = \frac{\pi(t_{\mathrm{w}1} - t_{\mathrm{w},n+1})}{\sum\limits_{i=1}^{n} \dfrac{\delta_i}{d_{mi}\lambda_i}} \qquad (9\text{-}4\text{-}15)$$

第十章 非稳态导热

第一节 集总参数分析法

一、毕渥数 Bi 及其应用

在非稳态导热过程的正规状况阶段,物体内的温度分布主要受物体几何参数、物性和热边界条件的影响。设有一块厚度为 2δ 的大平壁,其初始温度为 t_0,突然将它置于温度为 t_∞ 的流体中进行冷却,两侧表面传热系数都为 h,平壁导热系数为 λ,如图 10-1-1 所示。根据平壁内导热热阻 δ/λ 与表面对流传热热阻 $1/h$ 的相对大小不同,平壁内的温度分布会出现以下三种情形:

$1. 1/h \ll \delta/\lambda$

此时,平壁表面对流传热热阻 $1/h$ 很小,与内部导热热阻 δ/λ 相比可忽略不计,因此,过程一开始平壁表面的温度就被冷却到 t_∞。随着时间的推移,平壁内部各点的温度也会逐渐下降并趋于 t_∞,如图 10-1-1(a) 所示。

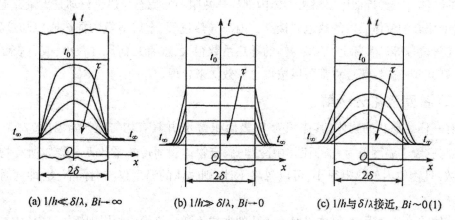

(a) $1/h \ll \delta/\lambda$, $Bi \to \infty$ (b) $1/h \gg \delta/\lambda$, $Bi \to 0$ (c) $1/h$ 与 δ/λ 接近, $Bi \sim 0(1)$

图 10-1-1 Bi 数对平壁内温度分布的影响

$2. 1/h \gg \delta/\lambda$

此时,平壁内部导热热阻 δ/λ 很小,与表面对流传热热阻 $1/h$ 相比可忽略不计,因此,在非稳态导热过程的任意时刻,平壁内部各点温度几乎相同。随着时间的推移,平壁内部各点温度会整体逐渐下降并趋于 t_∞,如图 10-1-1(b) 所示。

$3. 1/h$ 与 δ/λ 接近

此时,平壁内部导热热阻与表面对流传热热阻相当,平壁内部不同时刻温度分布介于上述两种极端情况之间,如图 10-1-1(c)所示。

由此可见,物体内部导热热阻与表面对流传热热阻的相对大小对于物体内非稳态导热温度分布的变化具有重要影响。显然,物体内部导热热阻与表面对流热阻具有相同的量纲,反映其相对大小的比值则为一无量纲参数,即 Biot(毕渥)数,其定义为

$$Bi = \frac{\delta/\lambda}{1/h} = \frac{h\delta}{\lambda} \tag{10-1-1}$$

毕渥数是一个反映物体内部导热热阻与表面对流热阻相对大小的无因次准则数,又称特征数。出现在特征数中的几何尺寸称为特征长度,一般用符号 l 表示。

这里,取平壁的半厚度作为特征长度,即 $l = \delta$。

对于上述三种情形,分别对应于:①$1/h \ll \delta/\lambda$,$Bi \to \infty$;②$1/h \gg \delta/\lambda$,$Bi \to 0$;③$1/h$ 与 δ/λ 接近,$Bi \sim 0(1)$。

二、集总参数分析法

(一)定义

当物体内部的导热热阻远小于表面对流热阻时,任意时刻物体内部的温度几乎均匀一致,以至于可以认为同一时刻下物体内部温度相同,这样一来,所需要求解的温度分布就仅是时间的一元函数,而与空间坐标无关,就好像是把原来连续分布的质量和热容量都汇总到一点上,因而只有一个温度值。这种忽略物体内部导热热阻的简化分析方法称为集总参数分析法,或集中参数分析法,这种导热系统称为集总(集中)系统。尽管在实际工程中并不存在无内部导热热阻的物体,但是,近似可以略去物体内部导热热阻的非稳态导热过程却是大量存在的。例如,测量变化着的流体温度的热电偶接点的内部导热过程、金属薄板的加热或冷却过程、轴承钢珠的淬火过程等。实际上,如果物体的导热系数很大、或者几何尺寸很小、或者表面传热系数极低,则其非稳态导热过程都可以按集总参数法来处理。

(二)温度变化分析解

设有一任意形状的物体,其体积为 V,表面积为 A,并具有均匀的初始温度 t_0。在初始时刻,突然将它置于温度恒为 t_∞ 的流体中冷却,假定物体表面传热系数 h 和物体所有物性参数都为常数,且物体内部热阻很小,可以忽略不计,则物体的温度仅与时间有关,即随时间逐渐降低。

在物体的冷却过程中,物体以对流传热的方式不断将热量传给周围流体,物体内能不断减少。取整个物体为控制体,并以 τ 表示任意时刻物体的温度,则可以列出物体被冷却过程中的能量平衡方程式如下:

$$-\rho c V \frac{\mathrm{d}t}{\mathrm{d}\tau} = hA(t - t_\infty)$$

初始条件是:

$$\tau = 0, t = t_0$$

式中，c 为物体比热容。引入过余温度 $\theta = t - t_\infty$，则上述两式可改写为

$$\rho c V \frac{\mathrm{d}\theta}{\mathrm{d}\tau} = -hA\theta \tag{10-1-2}$$

$$\tau = 0, \theta = \theta_0 = t_0 - t_\infty \tag{10-1-3}$$

对式（10-1-2）分离变量并积分得

$$\int_{\theta_0}^{\theta} \frac{\mathrm{d}\theta}{\theta} = -\int_0^\tau \frac{hA}{\rho c V} \mathrm{d}\tau$$

则有

$$\ln\left(\frac{\theta}{\theta_0}\right) = -\frac{hA}{\rho c V}\tau$$

或

$$\tau = -\frac{\rho c V}{hA}\ln\left(\frac{\theta}{\theta_0}\right) \tag{10-1-4}$$

$$\frac{\theta}{\theta_0} = \frac{t - t_\infty}{t_0 - t_\infty} = \exp\left(-\frac{hA}{\rho c V}\tau\right) \tag{10-1-5}$$

式（10-1-4）可用于计算物体被冷却到某一温度所需要的时间，而式（10-1-5）则为物体在冷却过程中温度随时间的变化规律。

注意到上述各式中，V/A 具有长度的量纲，记为 l_c，$l_c = V/A$，则有

$$\frac{hA}{\rho c V}\tau = \frac{hl_c}{\lambda}\frac{\lambda}{\rho c}\frac{\tau}{l_c^2} = \frac{hl_c}{\lambda}\frac{a\tau}{l_c^2} = Bi \cdot Fo$$

其中，Bi 是以 l_c 为特征长度的毕渥数；Fo 称为傅里叶数，其特征长度也为 l_c。这样一来，式（10-1-5）又可以表示为

$$\frac{\theta}{\theta_0} = \frac{t - t_\infty}{t_0 - t_\infty} = \exp(-Bi \cdot Fo) \tag{10-1-6}$$

由式（10-1-5）或式（10-1-6）可以看出，在物体被冷却过程中，物体与周围流体间的温差随时间按指数规律下降，如图 10-1-2 所示。在过程开始阶段，由于物体与周围流体温差较大，物体表面对流传热量较大，因此，物体温度下降较快。随后，由于物体温度的下降，物体与流体间对流传热量减小，温度下降速度会减慢。当 $\tau \to \infty$ 时，温差 $(t - t_\infty) \to 0$，物体温度等于流体温度。

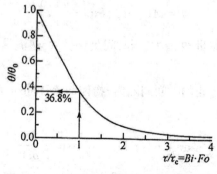

图 10-1-2　集总热容系统的温度变化规律

当物体被加热时,其温度变化规律也可按上述公式计算。

(三)时间常数

在式(10-1-5)中,$\rho cV/hA$ 具有时间的量纲,称为时间常数,记为 τ_c,即

$$\tau_c = \frac{\rho cV}{hV} \tag{10-1-7}$$

引进时间常数的概念后,式(10-1-5)也可写为

$$\frac{\theta}{\theta_0} = \frac{t-t_\infty}{t_0-t_\infty} = \exp\left(-\frac{\tau}{\tau_c}\right) \tag{10-1-8}$$

若 $\tau = \tau_c$,则由式(10-1-8)可得

$$\frac{\theta}{\theta_0} = \frac{t-t_\infty}{t_0-t_\infty} = \exp(-1) = 36.8\%$$

由此表明,当物体被加热(冷却)时间 τ 等于时间常数 τ_c 时,物体的过余温度已达到其初始过余温度的36.8%。显然,时间常数越小,物体过余温度变化越快,即物体温度随时间趋于周围流体温度的速度越快,如图10-1-2所示。

由定义式(10-1-7)可知,时间常数的大小不仅与物体的几何参数 V/A 和物性参数 ρ、c 有关,还与外部表面传热系数 h 有关。从物理本质上来看,物体温度变化的快慢取决于物体自身的热容量(ρcV)和表面的传热能力(hA)。物体的热容量越大,储存热量的能力越大,温度变化就越慢;表面传热能力越强,单位时间内传递的热量越多,温度变化就越快。所以,在用热电偶测定流体温度变化时,热电偶的时间常数就成为反映热电偶对流体温度变化响应快慢的重要指标。时间常数越小,热电偶对流体温度变化响应越快,测量精度就越高。为了改善热电偶的测温性能,通常从减小热电偶热容量和增强表面传热能力两方面着手考虑。

(四)导热量

当采用集总参数法分析时,任意时刻物体与周围流体间的热流量可按下式计算:

$$\Phi = -\rho cV\frac{\mathrm{d}t}{\mathrm{d}\tau} = -\rho cV(t_0-t_\infty)\left(-\frac{hA}{\rho cV}\right)\exp\left(-\frac{hA}{\rho cV}\tau\right)$$

即

$$\Phi = hA(t_0-t_\infty)\exp\left(-\frac{hA}{\rho cV}\tau\right) \tag{10-1-9}$$

由此可见,在过程开始时,热流量 Φ 最大,当时间足够长后,热流量 Φ 趋于零,此时物体温度趋于流体温度。

从初始时刻到某一瞬时为止的时间间隔内,物体与流体间所交换的总热量 Q 可由式(10-1-9)积分求得

$$Q = \int_0^\tau \Phi\mathrm{d}\tau = hA(t_0-t_\infty)\int_0^\tau \exp\left(-\frac{hA}{\rho cV}\tau\right)\mathrm{d}\tau$$

$$Q = \rho cV(t_0-t_\infty)\left[1-\exp\left(-\frac{hA}{\rho cV}\tau\right)\right] \tag{10-1-10}$$

由此可见,在过程开始时,总热量 Q 为零,当时间足够长后,总热量 Q 为

$$Q = Q_{max} = \rho cV(t_0 - t_\infty)$$

上述各式都是在物体被冷却的情况下导出来的,对于物体被加热的情况同样适用。

(五)傅里叶数

按照前述定义,傅里叶数可表述为

$$Fo = \frac{a\tau}{l_c^2}$$

傅里叶数的物理意义可理解为两个时间之比所得的无量纲时间,即 $Fo = \tau/(l_c^2/a)$,分子 τ 是从边界上开始发生热扰动时刻起的计算时间,分母 l_c^2/a 可以认为是边界上的热扰动扩散到 l_c^2 面积上所需的时间,因此,Fo 数可以看成是表征非稳态过程进行深度的无量纲时间。在非稳态导热过程中,这一无量纲时间越大,热扰动就越深入地传播到物体内部,因而,物体内部各点的温度就越接近周围流体温度。

(六)适用范围

如前所述,采用集总参数法分析非稳态导热问题时要求 Bi 很小,那么究竟小到什么程度合适呢? 这主要取决于问题本身对计算精度的要求。可以证明,如果

$$Bi = \frac{hl}{\lambda} \leqslant 0.1 \tag{10-1-11a}$$

则用集总参数法分析非稳态导热问题时误差不超过 5%。其中,l 为特征长度,按下述方法确定:

$$\left.\begin{array}{l} l = \delta,厚度为 2\delta 的大平壁 \\ l = R,圆柱 \\ l = R,球 \end{array}\right\}$$

如果用 l_c 作为特征长度,则式(10-1-11a)变为

$$Bi_V = \frac{hl_c}{\lambda} \leqslant 0.1M \tag{10-1-11b}$$

其中,对大平壁 $M = 1$;对长圆柱 $M = 1/2$;对于球 $M = 1/3$。

应该指出的是,如果工程计算精度要求不是很高,上述限制性条件可以适当放宽。

第二节　非稳态导热分析

一、典型一维非稳态导热分析

对于非稳态导热问题的求解,当不满足集总参数法的应用条件时,若采用集总参数法则会产生大于 5% 的误差,这是工程上不允许的。对于工程中常见的第三类边界条件下大平壁、长圆柱及球体的加热或冷却等一维非稳态导热问题,可采用分析解法通过求解导热微分方程式解得其特定条件下的温度分布,但所用数学知识已超出本书范围。这里介绍从微分相似法出

发找出影响温度分布的参数,采用线算图求解的图解法。

(一)一维非稳态导热问题的数学描述

现以无限大平壁的非稳态导热为例分析。如图(10-2-1 所示,一厚为 2δ 的无限大平壁,无内热源,导热系数 λ 和热扩散率 a 均为常数,初始温度为 T_0,在某一瞬间突然被置于温度为 T_f 的恒温流体中,且 $T_f < T_0$,平壁两侧的对流换热系数均为 h。欲求:壁内温度分布随时间的变化规律。

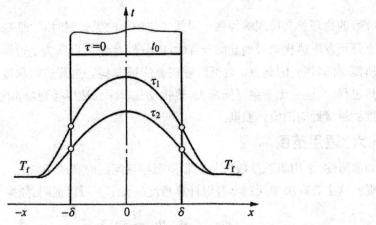

图 10-2-1　第三类边界条件平壁非稳态导热

该问题为第三类边界条件下无内热源、沿厚度方向进行的一维非稳态导热问题。由于几何及换热的对称性,壁内温度以其中心截面为对称面而对称分布,所以只讨论平壁半厚 δ 的情况即可。

导热微分方程为

$$\frac{\partial T}{\partial \tau} = a\frac{\partial^2 T}{\partial x^2} \tag{10-2-1}$$

初始条件

$$\tau = 0, T = T_0 \quad (0 \leq x \leq \delta)$$

边界条件

$$\tau > 0, x = 0 \; \frac{\partial T}{\partial x} = 0$$

$$x = \delta - \lambda\frac{\partial T}{\partial x}\Big|_{x=\delta} = h(t\big|_{x=\delta} - T_f) \tag{10-2-2}$$

引入过余温度 $\theta = T - T_f$,则式(10-2-1)改写为

$$\frac{\partial \theta}{\partial \tau} = a\frac{\partial^2 \theta}{\partial x^2}$$

$$\tau = 0 \quad \theta = \theta_0 \quad 0 \leq x \leq \delta$$

$$\tau > 0 \quad x = 0 \quad \frac{\partial \theta}{\partial x}\Big|_{x=0} = 0$$

$$x = \delta - \lambda \frac{\partial \theta}{\partial x}\Big|_{x=\delta} = h\theta\big|_{x=\delta}$$

(二)微分相似法分析

引入无量纲过余温度 $\Theta = \dfrac{\theta}{\theta_0}$ 及无量纲尺寸 $X = \dfrac{X}{\delta}$，使其数学描述无量纲化，则式(10-2-2)改写为

$$\frac{\partial \Theta}{\partial \tau} = \frac{a}{\delta^2} \frac{\partial^2 \Theta}{\partial X^2}$$

或

$$\frac{\partial \Theta}{\partial \left(\dfrac{a\tau}{\delta^2}\right)} = \frac{\partial^2 \Theta}{\partial X^2}$$

即

$$\frac{\partial \Theta}{\partial (Fo)} = \frac{\partial^2 \Theta}{\partial X^2} \tag{10-2-3}$$

$$\tau = 0 \quad \Theta = \Theta_0 = 1$$

$$\tau > 0, \quad X = 0, \frac{\partial \Theta}{\partial X}\Big|_{X=0} = 0$$

$$X = 1, \frac{\partial \Theta}{\partial X}\Big|_{X=1} = -\frac{h\delta}{\lambda}\Theta\big|_{X=1} \quad \text{或} \quad \frac{\partial \Theta}{\partial X}\Big|_{X=1} = -Bi\Theta\big|_{X=1}$$

由式(10-2-3)可见

$$\Theta = \frac{\theta}{\theta_0} = f(Bi, Fo, X) \tag{10-2-4}$$

式(10-2-4)说明当不满足 $Bi < 0.1$ 时，物体内的温度分布不仅取决于 Fo、Bi，而且还与空间位置 X 有关。这正体现了与集总参数法的根本区别。

(三)计算线图的使用

工程上为了计算方便，将 $\Theta = \dfrac{\theta}{\theta_0} = f(Bi, Fo, X)$ 的关系绘制成了线算图，若以 θ_m 表示 τ 时刻平壁中心截面处的过余温度，则在平壁中心截面处，$X = x/\delta = 0$ 为一定值，由式(10-2-4)得

$$\frac{\theta_m}{\theta_0} = f(Bi, Fo)$$

按该式绘制的线算图如图 10-2-2 所示，图中以 $Fo = \dfrac{a\tau}{\delta^2}$ 为横坐标，$1/Bi = \lambda/(h\delta)$ 为参变量，纵坐标为 θ_m/θ_0 之值。由任意两个已知量即可从图上查出相应的第三个量，当已知加热或冷却的时间时，可查出相应的 θ_m/θ_0 之值，从而根据已知的 $\theta_0 = T_0 - T_f$，由 $\theta_m = T_m - T_f$，求得平壁中心温度 T_m。当已知平壁中心温度 T_m 时，可查出相应的 $Fo = \dfrac{a\tau}{\delta^2}$ 之值，从而求得所需加热、冷却的时间。

对于距离平壁中心截面 x 处的截面，在 τ 时刻的过余温度 θ 与同一时刻的中心截面过余

温度 θ_m 之比为

$$\frac{\theta}{\theta_m} = f(Bi, X) \qquad (10\text{-}2\text{-}5)$$

按该式绘制的线算图如图 10-2-3 所示,图中以 $1/Bi$ 为横坐标,$X = x/\delta$ 为参变量,由这两个参数值即可查出纵坐标上相应的 θ/θ_m 之值。于是 τ 时刻平壁内任意截面 x 处的过余温度 θ 与初始时刻的过余温度 θ_0。之比可由下式算出

$$\frac{\theta}{\theta_0} = \frac{\theta \theta_m}{\theta_m \theta_0} \qquad (10\text{-}2\text{-}6)$$

根据 θ/θ_0。的值和已知的 $\theta_0 = T_0 - T_f$;$\theta = T - T_f$;即可求得壁内任意截面处的温度 T。

若要确定使壁内某处的温度达到某一定值所需加热或冷却的时间时,可先由图 10-2-2 根据 $1/Bi$ 和 $X = x/\delta$ 查得 θ/θ_m,此时 θ 值已知即可求得 θ_m。然后算出 $\theta_m \theta_0$ 之值,再由图 10-2-3 根据 $1/Bi$ 和 $X = x/\delta$ 查得相应的 Fo,根据 $Fo = a\tau/\delta^2$ 即可求出达到此温度所需时间。

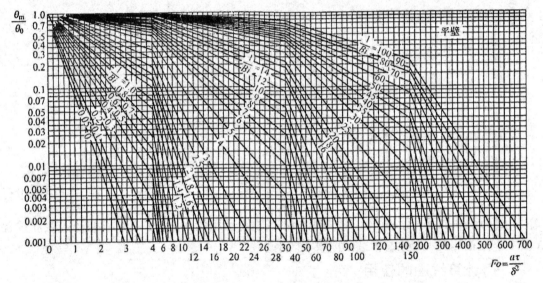

图 10-2-2 无限大平壁无量纲中心温度 $\dfrac{\theta}{\theta_0} = f(Bi, Fo, X)$ 的线算图

上述线算图适用于厚为 2δ 的大平壁处于恒温介质第三类边界条件下的瞬态导热,不论物体是被加热还是被冷却。对于厚为 δ 的大平壁一侧绝热、另一侧为对流换热边界条件下的加热或冷却问题也适用,这是由于这两种问题的数学描述完全一致。此外,还可应用于第一类边界条件的情况,因为当 $h \to \infty$ 时 $Bi \to \infty$,意味着在过程开始的瞬间,物体表面就达到了周围介质温度,这时恒温介质第三类边界条件转化为恒壁温第一类边界条件,所以线算图中 $1/Bi = 0$ 的曲线实质上就代表恒壁温第一类边界条件的解。

对于温度只沿半径方向变化的圆柱体(如无限长圆柱体或两端面绝热的圆柱体)和球体在第三类边界条件下的一维非稳态导热问题,同理分别在圆柱坐标系和球坐标系中进行与上述类似的分析,可得类似的结果

$$\frac{\theta}{\theta_0} = f\left(Fo, Bi, \frac{r}{R}\right) \qquad (10\text{-}2\text{-}7)$$

式中,R 为圆柱体或球体的半径,r 为圆柱体或球体内的任意半径,$Fo = a\tau / R^2$。类似地可绘制出 $\theta_m / \theta_0 = f(Fo, Bi)$ 和 $\theta / \theta_m = f(Bi, r/R)$ 的线算图,对于长圆柱体的线算图如图 10-2-4、图 10-2-5 所示,关于球体的线算图可参阅有关文献。

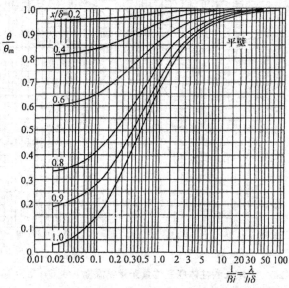

图 10-2-3　无限大平壁任意位置无量纲温度 $\dfrac{\theta}{\theta_m} = f\left(Bi, \dfrac{X}{\delta}\right)$ 曲线

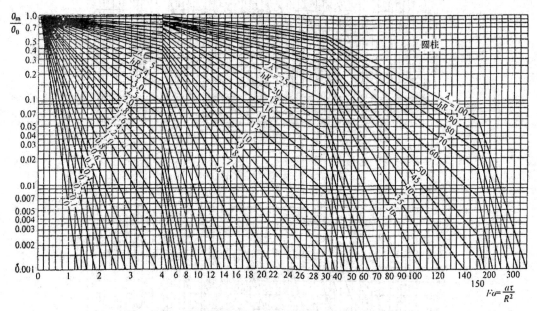

图 10-2-4　无限长圆柱体无量纲中心温度 $\theta_m / \theta = f(Bi, Fo)$

从非稳态导热过程开始时刻到导热体与周围介质达到热平衡为止,整个过程中所交换的热量为 $Q_0 = \rho c V(t_0 - t_f)$,当已知任一 τ 时刻导热体的温度分布时,导热体从 $0 \sim \tau$ 时间间隔内与周围流体交换的热量 Q 与 Q_0 的比值为

$$\frac{Q}{Q_0} = 1 - \frac{\theta}{\theta_0} = f(Bi, Fo) \tag{10-2-8}$$

对于大平壁和长圆柱,根据式(10-2-8)绘制的线算图如图 10-2-6、图 10-2-7 所示,图中以 $Bi^2 Fo = h^2 a\tau / \lambda^2$ 横坐标,Bi 为参变量,由这两个量即可查出相应的 Q/Q_0 之值,从而可求得 Q。

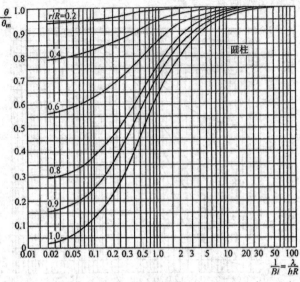

图 10-2-5　无限长圆柱体任意位置无量纲温度 $\theta / \theta_{\mathrm{m}} = f\left(Bi, \dfrac{r}{R}\right)$ 曲线

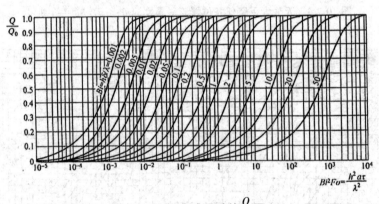

图 10-2-6　无限大平壁的 $\dfrac{Q}{Q_0}$ 图

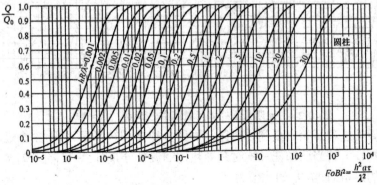

图 10-2-7　无限长圆柱的 $\dfrac{Q}{Q_0}$ 线算图

需要注意的是,上述线算图仅适用于 $Fo \geqslant 0.2$ 的场合(即正规状况情况)。对于 $Fo < 0.2$ 的情况,由于温度分布受初始条件的影响,问题的解必须采用数学描写的完整分析解的公式计算,可参阅有关文献。

二、半无限大物体的非稳态导热分析

无限厚的大平板只有一个界面 ,称作 半无限大物体"。物体的长和宽也是无限大的,热流方向和 $x = 0$ 的平面相垂直。"半无限大物体"在工程上有广泛的应用,如大部件表面硬化和淬火等。四周被绝热的长杆,初始温度均匀一致,一端被冷却或加热时,也是一种等效的半无限大物体。

图 10-2-8 所示的半无限大物体,其初始温度为 T_0,表面突然与温度为 T_f 的流体相接触,表面温度从 T_0 升高到 T_f,并保持不变。由此引起的非稳态导热是一维问题。假设物性参数为常数;则导热微分方程式的形式为

$$a \frac{\partial^2 T}{\partial x^2} = \frac{\partial T}{\partial \tau}$$

初始条件　　　$\tau = 0$　　$T(x,0) = T_0$

边界条件　　　$\tau > 0$　　$T(0,\tau) = T_f$

此问题的解为

$$\frac{T(x,\tau) - T_f}{T_0 - T_f} = \mathrm{erf} \frac{x}{2\sqrt{a\tau}} \tag{10-2-9}$$

式中,$\mathrm{erf} \dfrac{x}{2\sqrt{a\tau}}$ 称为误差函数,其定义为

$$\mathrm{erf} \frac{x}{2\sqrt{a\tau}} = \frac{2}{\sqrt{\pi}} \int_0^{\frac{x}{2\sqrt{a\tau}}} \mathrm{e}^{-\eta^2} \mathrm{d}\eta \tag{10-2-10}$$

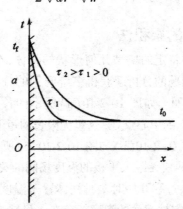

图 10-2-8　半无限大物体的受热过程

式中,η 为虚变量,积分是其上限的函数。将误差函数定义式代入式(10-2-8)中,温度分布的表达形式为

$$\frac{T(x,\tau) - T_f}{T_0 - T_f} = \frac{2}{\sqrt{\pi}} \int_0^{\frac{x}{2\sqrt{a\tau}}} e^{-\eta^2} \mathrm{d}\eta \tag{10-2-11}$$

任意点的热流可由傅里叶定律得到。

$$Q_x = -\lambda F \frac{\partial t}{\partial x}$$

对式(10-2-10)求偏导数得

$$\frac{\partial T}{\partial x} = (T_0 - T_f)\frac{2}{\sqrt{\pi}}e^{-\frac{x^2}{4a\tau}}\frac{\partial}{\partial x}\left(\frac{x}{2\sqrt{a\tau}}\right) = \frac{(T_0 - T_f)}{\sqrt{\pi a\tau}}e^{-\frac{x^2}{4a\tau}}$$

$$Q_x = -\lambda F \frac{T_0 - T_f}{\sqrt{\pi a\tau}}e^{-\frac{x^2}{4a\tau}} \qquad (10\text{-}2\text{-}12)$$

通过该表面的热流为

$$Q_0 = -\lambda F \frac{T_0 - T_f}{\sqrt{\pi a\tau}} \qquad (10\text{-}2\text{-}13)$$

半无限大物体的温度分布可参考图 10-2-9。误差函数的数值可参看有关数学书籍及附录中附表。

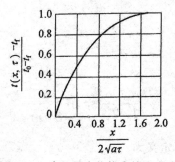

图 10-2-9　半无限大物体中的温度分布

三、多维非稳态导热分析

(一)多维非稳态导数的乘积法

数学上可以证明,对于几种特定的典型几何形状的物体,在第三类(或者第一类)边界条件下,能够借助于一维非稳态问题的分析解获得多维问题的分析解。下面以无限长长方柱体的非稳态导热问题为例来作说明。如图 10-2-10(a)所示的长方形柱体截面,其尺寸为 $2\delta_1 \times 2\delta_2$,坐标系 Oxy 的原点建在截面的中心点处。这里无限长的矩形柱体可以看作两个无限大平板垂直相交所截出的物体,如图 10-2-10(b)与图 10-2-10(c)所示。这里主要讨论这个长方形柱体的二维截面上温度场与这两块无限大平板的温度场间的关系。

设方柱体的初始温度为 T_0,过程开始时刻时柱体置于温度为 T_f 的流体中,假定表面与流体间的表面传热系数为 a,试求方柱截面的温度场分布。显然,由于坐标系原点取在截面中心处,因此仅需要考虑图 10-2-9(a)中有阴影线的四分之一截面就可以了。引进过余温度 θ,于是所讨论截面上温度分布 $T(x,y,t)$ 满足的导热微分方程和定解条件为

$$\frac{\partial \theta^*}{\partial t} = \beta\left(\frac{\partial^2 \theta^*}{\partial x^2} + \frac{\partial^2 \theta^*}{\partial y^2}\right) \qquad (10\text{-}2\text{-}14)$$

$$\theta^*(x,y,0) = 1 \qquad (10\text{-}2\text{-}15)$$

$$\theta^*(\delta_1, x, t) + \frac{\lambda}{a} \frac{\partial \theta^*(x, y, t)}{\partial x}\Big|_{x=\delta_1} = 0 \qquad (10\text{-}2\text{-}16)$$

$$\theta^*(x, \delta_2, t) + \frac{\lambda}{a} \frac{\partial \theta^*(x, y, t)}{\partial y}\Big|_{y=\delta_2} = 0 \qquad (10\text{-}2\text{-}17)$$

$$\frac{\partial \theta^*(x, y, t)}{\partial x}\Big|_{x=0} = 0 \qquad (10\text{-}2\text{-}18)$$

$$\frac{\partial \theta^*(x, y, t)}{\partial y}\Big|_{y=0} = 0 \qquad (10\text{-}2\text{-}19)$$

式中，θ^* 由下式确定

$$\theta^* = \frac{T_{(x,y,t)} - T_f}{T_0 - T_f} = \frac{\theta}{\theta_0} \qquad (10\text{-}2\text{-}20)$$

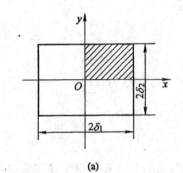

(a)

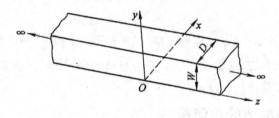

(b)

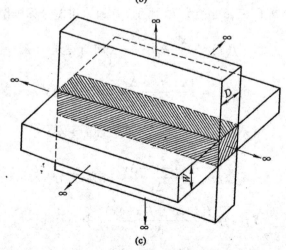

(c)

图 10-2-10　无限长柱体的横截面及柱体的形成

如果令 $\theta_x^*(x,t)$ 与 $\theta_y^*(y,t)$ 分别表示处于与长方形柱体同样定解条件下厚度分别为 $2\delta_1$ 与 $2\delta_2$ 的无限大平板的分析解,它们分别满足如下各自的导热微分方程与定解条件,即

$$\frac{\partial \theta_x^*}{\partial t} = \beta \frac{\partial^2 \theta_x^*}{\partial x^2} \tag{10-2-21}$$

$$\theta_x^*(x,0) = 1 \tag{10-2-22}$$

$$\frac{\partial \theta_x^*(x,t)}{\partial x}\Big|_{x=0} = 0 \tag{10-2-23}$$

$$\theta_x^*(\delta_1,t) + \frac{\lambda}{a} \frac{\partial \theta_x^*(x,t)}{\partial x}\Big|_{x=\delta_1} = 0 \tag{10-2-24}$$

以及

$$\frac{\partial \theta_y^*}{\partial t} = \beta \frac{\partial^2 \theta_y^*}{\partial y^2} \tag{10-2-25}$$

$$\theta_y^*(y,0) = 1 \tag{10-2-26}$$

$$\frac{\partial \theta_y^*(y,t)}{\partial y}\Big|_{y=0} = 0 \tag{10-2-27}$$

$$\theta_y^*(\delta_2,t) + \frac{\lambda}{a} \frac{\partial \theta_y^*(y,t)}{\partial y}\Big|_{x=\delta_2} = 0 \tag{10-2-28}$$

很容易证明,这两块无限大平板分析解的乘积就是上述无限长方形柱体的解,即

$$\theta^*(x,y,t) = \theta_x^*(x,t)\theta_y^*(y,t) \tag{10-2-29}$$

同理,可以证明对于短圆柱体、短方柱体等二维、三维的非稳态导热问题也可以用相应的二个或三个一维问题解的乘积表达,这就是多维非稳态导热的乘积解法。但应指出的是,这种乘积解法并不适用于一切边界条件。

(二)多维非稳态导热的数值解法

首先介绍几个差分算子:$\delta_x^{\pm}, \delta_y^{\pm}, \delta_x^0, \delta_y^0$ 对于函数 $f(x)$ 来讲差分算子作用到 f 后的表达式为

$$\delta_x^+ f(x) = \frac{f(x+\Delta x) - f(x)}{\Delta x}(\text{向前差分}) \tag{10-2-30}$$

$$\delta_x^- f(x) = \frac{f(x) - f(x-\Delta x)}{\Delta x}(\text{向后差分}) \tag{10-2-31}$$

$$\delta_y^+ f(y) = \frac{f(y+\Delta y) - f(y)}{\Delta y}(\text{向前差分}) \tag{10-2-32}$$

$$\delta_y^- f(y) = \frac{f(y) - f(y-\Delta y)}{\Delta y}(\text{向后差分}) \tag{10-2-33}$$

$$\delta_x^0 f(x) = \frac{f(x+\Delta x) - f(x-\Delta x)}{\Delta x}(\text{中心差分}) \tag{10-2-34}$$

$$\delta_x^0 f(y) = \frac{f(y+\Delta y) - f(y-\Delta y)}{\Delta y}(\text{中心差分}) \tag{10-2-35}$$

对于时间导数项来讲,它的向前和向后差分分别为

$$\frac{\partial T}{\partial t}\Big|_{i,j}=\frac{T_{i,j}^{k+1}-T_{i,j}^{k}}{\Delta t}+o(\Delta t)=\delta_{t}^{+}T^{k}\big|_{i,j}+o(\Delta t) \tag{10-2-36}$$

$$\frac{\partial T}{\partial t}\Big|_{i,j}=\frac{T_{i,j}^{k}-T_{i,j}^{k-1}}{\Delta t}+o(\Delta t)=\delta_{t}^{-}T^{k}\big|_{i,j}+o(\Delta t) \tag{10-2-37}$$

式中,通常把 k 时间层称为当前时间层,把 $(k+1)$ 层称为下一时刻层,$(k-1)$ 层称为前一时刻层。对于二阶导数扩散项,多采用中心差分各式,其表达式为

$$\frac{\partial^{2}T}{\partial x^{2}}\Big|_{i,j}=\frac{T_{i+1,j}+T_{i-1,j}-2T_{i,j}}{(\Delta x)^{2}}+0[(\Delta x)^{2}]\equiv(\delta_{x}^{2})^{0}T_{i,j}+o[(\Delta x)^{2}] \tag{10-2-38}$$

$$\frac{\partial^{2}T}{\partial y^{2}}\Big|_{i,j}=\frac{T_{i+1,j}+T_{i-1,j}-2T_{i,j}}{(\Delta y)^{2}}+0[(\Delta y)^{2}]\equiv(\delta_{y}^{2})^{0}T_{i,j}+o[(\Delta y)^{2}] \tag{10-2-39}$$

二维常物性无内热源的非稳态导热问题的微分方程是

$$\frac{\partial T}{\partial t}=\beta\left(\frac{\partial^{2}T}{\partial x^{2}}+\frac{\partial^{2}T}{\partial y^{2}}\right) \tag{10-2-40}$$

将式(10-2-36)、式(10-2-38)、式(10-2-39)代入式(10-2-40),得到

$$\delta_{t}^{+}T^{k}\big|_{i,j}=\beta[(\delta_{x}^{2})^{0}T_{i,j}^{k}+(\delta_{y}^{2})^{0}T_{i,j}^{k}] \tag{10-2-41}$$

如果取空间步长 Δx 与 Δy 相等,即

$$\Delta x=\Delta y=\Delta s \tag{10-2-42}$$

则此时式(10-2-41)可改写为

$$T_{i,j}^{k+1}=Fo(T_{i+1,j}^{k}+T_{i-1,j}^{k}+T_{i,j+1}^{k}+T_{i,j-1}^{k})+(1-4Fo)T_{i,j}^{k} \tag{10-2-43}$$

式中,Fo 称为网格傅里叶数。其表达式为

$$Fo=\frac{\beta\Delta t}{(\Delta s)^{2}} \tag{10-2-44}$$

注意,式(10-2-42)只适用于内节点;对于边界节点应采用如下处理能量平衡方法,又称为热平衡方法,它是能量守恒定律在所选取的固定控制体上的重新解释与描述,即

$$\begin{bmatrix}进入控制体\\的所有形式\\的能量\ R_i\end{bmatrix}+\begin{bmatrix}控制体内本\\身所产生的\\能量\ R_g\end{bmatrix}=\begin{bmatrix}流出控制体\\的所有形式\\的能量\ R_o\end{bmatrix}+\begin{bmatrix}控制体内\\储存能量\\的变化\ R_s\end{bmatrix}$$

用公式描述便为

$$R_i+R_g=R_0+R_s \tag{10-2-45}$$

考虑常物性、无内热源、一维非稳态导热问题的边界节点 i,它与周围环境的换热以及与相邻节点 $(i-1)$ 的导热情况如图 10-2-11 所示;节点 i 表示厚度为 $\Delta x/2$ 的单元体,以单位面积计算则其热平衡方程式(10-2-45)可退化为

相邻节点导入的热量+边界的对流换热量=边界单元体单位时间内焓的增量即

$$\lambda\frac{T_{i-1,j}^{k}-T_{i}^{k}}{\Delta x}+\alpha(T_f-T_i^{(k)})=\rho c\frac{\Delta x}{2}\frac{T_i^{(k+1)}-T_i^{k}}{\Delta t} \tag{10-2-46}$$

整理后得到

$$T_i^{(k+1)}=\left[1-\frac{2}{M}(1+N)\right]T_i^{(k)}+\frac{2}{M}(T_{i-1}^{(k)}+NT_f) \tag{10-2-47}$$

式中

$$M \equiv \frac{(\Delta x)^2}{\beta \Delta t} \quad N \equiv \frac{\alpha \Delta x}{\lambda} \tag{10-2-48}$$

显然,式(10-2-48)中的 M 代表着有限差分时的 Fo 的倒数;N 为有限差分时的 Bi;为了保证边界点处的差分格式数值稳定,就必须保证式(10-2-47)里右端项中 T_i^k 的系数为正,即必须有

$$M \geqslant 2(1+N) \tag{10-2-49}$$

用类似的方法可推出二维非稳态导热下,具有对流外部拐角上的节点所满足的有限差分方程,例如图 10-2-12 中所示拐角节点 O 所满足的差分方程为

$$T_o^{(k+1)} = \frac{2}{M}(T_1^k + T_2^k) + \frac{4N}{M}T_f + \left[1 - \frac{4}{M}(1+N)\right]T_o^k \tag{10-2-50}$$

此表达式的稳定准则是

$$M \geqslant 4(N+1) \tag{10-2-51}$$

对于图 10-2-12 中的表面节点 2,可以证明它所满足的有限差分方程为

$$T_2^{(k+1)} = \frac{1}{M}(T_0^k + T_4^k + 2T_3^k) + \frac{2N}{M}T_f + \left[1 - \frac{2}{M}(N+2)\right]T_2^k$$

得到改差分方程的稳定条件为

$$M \geqslant 2(N+2)$$

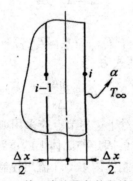

图 10-2-11 第三类边界条件下的边界节点

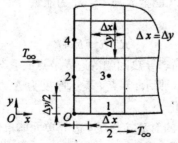

图 10-2-12 二维非稳态导热下对流边界外部拐角上的节点

第十一章 热辐射与辐射换热

第一节 热辐射定律及特征

一、概述

热辐射是一种重要的热量传递基本方式。与导热和对流传热相比,热辐射及辐射传热无论在机理,还是在具体的规律上都有根本的区别。

(一)热辐射的基本概念

辐射是电磁波传递能量的现象。按照产生电磁波的原因不同可以得到不同频率的电磁波。由于热的原因而产生的电磁波辐射称为热辐射。热辐射的电磁波是物体内部微观粒子的热运动状态改变时激发出来的,亦称热射线。

整个波谱范围内的电磁波命名如图 11-1-1 所示。从理论上说,物体热辐射的电磁波波长也包括整个波谱,即波长从零到无穷大。然而,在工业上所遇到的温度范围内,即 2000K 以下,有实际意义的热辐射波长位于 $0.38 \sim 100\mu m$,且大部分能量位于肉眼看不见的红外线区段的 $0.76 \sim 20\mu m$ 范围内。而在波长为 $0.38 \sim 0.76\mu m$ 的可见光区段,热辐射能量的比重不大。太阳是温度约为 5800K 的热源,其温度比一般工业上遇到的温度高出很多。太阳辐射的主要能量集中在 $0.2 \sim 2\mu m$ 的波长范围,其中可见光区段占有很大比重。

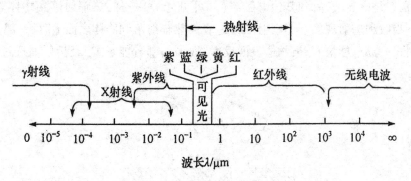

图 11-1-1 电磁波的波谱

各种波长的电磁波在生产、科研与日常生活中有着广泛的应用。如利用波长大于 $25\mu m$(国际照明委员会所定的界限)的远红外线来加热物料;利用波长在 $1mm \sim 1m$ 之间的微波来加热食物等。本文下面所讨论的内容专指由于热的原因而产生的热辐射。

（二）热辐射的基本特性

1.传播速度与波长、频率间的关系

热辐射具有一般辐射现象的共性。各种电磁波都以光速在空间传播,这是电磁波辐射的共性,热辐射亦不例外。电磁波的速度、波长和频率存在如下关系:

$$c=f\lambda \tag{11-1-1}$$

式中,c 为电磁波的传播速度(m/s),在真空中 $c=3\times10^8$ m/s,在大气中的传播速率略低于此值;f 为频率(s^{-1});λ 为波长(μm)。

2.与导热和对流的不同

物体在向外发出热辐射的同时,亦不断地吸收周围物体投射到它上面的热辐射,并把吸收的辐射能重新转变成热能。辐射传热就是指物体之间相互辐射和吸收的总效果。与导热、对流传热相比,热辐射和辐射传热具有如下特点:

（1）热辐射是一切物体的固有属性,只要温度高于绝对零度,物体就一定向外发出辐射能量,当两个物体温度不同时,高温物体辐射的能量大于低温物体辐射的能量,最终结果是高温物体向低温物体传递了能量。即使两个物体温度相同,辐射传热也仍在不断进行,只是每一物体辐射出去的能量等于其吸收的能量,即处于动态热平衡状态,辐射传热量为零。

（2）发生辐射传热时不需要存在任何形式的中间介质,即使在真空中热辐射也可以进行。

（3）在辐射传热过程中,不仅有能量的交换,而且还有能量形式的转化,即物体在辐射时,不断将自己的热能转变为电磁波向外辐射,当电磁波辐射到其他物体表面时即被吸收而转变为热能,导热和对流传热均不存在能量形式的转换。

（4）导热量或对流传热量一般和物体温度的一次方之差成正比,而辐射传热量与两物体热力学温度的四次方之差成正比,因此,温差对于辐射传换量的影响更强烈。特别是辐射传热在高温时具有重要的地位,如锅炉炉膛内热量传递的主要方式是辐射传热。

3.热辐射表面的吸收、反射和透射特性

由于热辐射是电磁波,故和其他电磁波(如可见光等)一样,热辐射落到物体表面上同样会发生反射、吸收和透射现象。当辐射能量为 G 的热辐射落到物体表面上时,一部分能量 G_α 被物体所吸收,一部分能量 G_ρ 被物体表面反射,而另一部分能量 G_τ 经折射而透过物体,如图 11-1-2 所示。

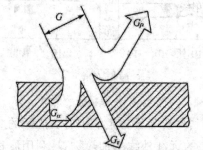

图 11-1-2　物体对热辐射的吸收、反射和穿透

根据能量守恒定律,有

$$G_\alpha+G_\rho+G_\tau=G$$

即

$$\frac{G_\alpha}{G}+\frac{G_\rho}{G}+\frac{G_\tau}{G}=1$$

$$\alpha+\rho+\tau=1 \tag{11-1-2}$$

式中，$\alpha=\dfrac{G_\alpha}{G}$，称为吸收比（率）；$\rho=\dfrac{G_\rho}{G}$，称为反射比（率）；$\tau=\dfrac{G_\tau}{G}$，称为透射比（率）。

对特定波长的光谱辐射而言，类似式图 11-1-2 物体对热辐射的吸收、反射和穿透（11-1-2）的关系也同样成立，即

$$\alpha_\lambda+\rho_\lambda+\tau_\lambda=1 \tag{11-1-3}$$

式中，α_λ、ρ_λ、τ_λ 分别称为光谱吸收比（率）、光谱反射比（率）和光谱透射比（率）。

实际上，当热射线穿过固体或液体表面后，在很短的距离内就被吸收完了，即可以认为固体和液体对外界投射辐射的吸收和反射都是在表面上进行的，热辐射不能穿透固体和液体，$\tau=0$。故对于固体和液体，式（11-1-2）可以简化为

$$\alpha+\rho=1 \tag{11-1-2a}$$

由上式可知，固体和液体的吸收能力越大，其反射能力就越小。反之亦然。

热辐射投射到气体上时，情况则不同。气体对热辐射几乎不反射，可以认为气体的反射比 $\rho=0$。故式（11-1-2）可以简化为

$$\alpha+\tau=1 \tag{11-1-2b}$$

由此可见，吸收能力大的气体，其透射能力就差。反之亦然。

吸收比 α、反射比 ρ 和透射比 τ 反映了物体的辐射特性，影响 α、ρ 和 τ 的因素有物体的性质、温度、表面状况和投射辐射的波长等。一般来说，对于可见光而言，对物体的辐射特性起主要作用的是表面颜色。而对于其他不可见的热射线而言，起主要作用的就不是颜色，而是表面的粗糙程度。例如，对于太阳辐射，白漆的吸收比仅为 0.12~0.16，而黑漆的吸收比为 0.96；但对于工业高温下的热辐射，白漆和黑漆的吸收比几乎相同，约为 0.90~0.95。

还需要注意的是，有些物体对热辐射的透过具有选择性，例如玻璃对于波长 $\lambda>4\mu m$ 的红外线是不透明的，而对于可见光和紫外线则是透热体。另外，气体对热辐射的吸收和透射是在整个气体容积内进行的，故气体的吸收和透射特性与其界面状态无关，而与气体的内部特征有关。

4.漫射表面

根据物体表面粗糙度不同，物体表面对外界投射辐射的反射呈现出不同的特征。当物体表面较光滑，其粗糙不平的尺度小于热辐射的波长时，物体表面对投射辐射呈镜面反射，入射角等于反射角［图 11-1-3（a）］，该表面称为镜面，该物体称为镜体。当物体表面粗糙不平的尺度大于热辐射的波长时，则物体表面对投射辐射呈漫反射［图 11-1-3（b）］，该表面称为漫反射表面。若漫反射表面同时能向周围半球空间均匀发射辐射能，则称该表面为漫射表面。

（三）几种热辐射的理想物体

由于不同物体的吸收比、反射比和透射比因具体条件不同而千差万别，从而给热辐射计算带来困难。为研究问题方便起见，常常先从理想物体着手。当物体的吸收比 $\alpha=1$ 时，该物体

称为绝对黑体(简称黑体);当物体的反射比 $\rho=1$ 时,该物体称为绝对白体(简称白体);当物体的透射比 $\tau=1$ 时,该物体称为绝对透明体(简称透明体)。显然,黑体、白体和透明体都是假想的理想物体,自然界中并不存在。

黑体虽然是一种理想模型,但可以用以下方法近似实现。用吸收比小于 1 的材料制造一个空腔,并在空腔壁面上开一个小孔,再设法使空腔壁面保持均匀的温度。当空腔内壁总面积和小孔面积之比足够大时,从小孔进入空腔内的投射辐射,在空腔内经过多次反射和吸收后,辐射能从小孔逸出的份额很少,几乎全部被空腔所吸收。因此具有小孔的均匀壁温空腔可以作为黑体来处理,小孔具有黑体表面一样的性质。如图 11-1-4 所示。

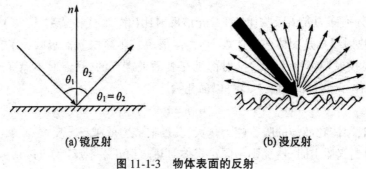

(a)镜反射   (b)漫反射

图 11-1-3   物体表面的反射

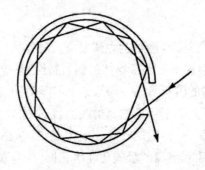

图 11-1-4   黑体模型

黑体由于辐射性质简单,其热辐射和辐射传热的规律都非常容易处理。如果能找出实际物体和黑体辐射规律间的关系,那么实际物体的辐射问题就好解决了,即把其他物体的辐射和黑体辐射相比较,从中找出其与黑体辐射的偏离,然后确定必要的修正系数。因此,黑体在热辐射研究中具有极其重要的地位。

二、黑体辐射基本定律

前已述及,黑体是一个理想的吸收体,它能够吸收来自各个方向、各种波长的全部投射能量,作为比较的标准,它对研究实际物体的热辐射特性具有重要的意义。今后将经常用到黑体的辐射特性,故凡与黑体辐射有关的物理量,均在右下角标以"b"。

物体表面在一定温度下会朝表面上方的半球空间各个方向发射各种不同波长的能量。为了进行辐射传热的工程计算,必须研究物体辐射能量随波长的分布特性,以及在半球空间各个方向上的分布规律。为此,有必要首先了解并掌握以下几个重要的物理概念。

（一）几个基本概念

1.辐射力

（1）光谱辐射力：又称单色辐射力。它表示单位时间内物体单位表面积向半球空间所发射的在包含波长 λ 的单位波长内的辐射能量,用符号 E_λ 表示,单位为 $W/(m^2 \cdot m)$,其数学表达式为

$$E_\lambda = \frac{d\Phi_\lambda}{dAd\lambda} \tag{11-1-4}$$

（2）辐射力：又称半球总辐射力,是工程计算中用得最多的辐射参数之一。它表示单位时间内物体单位表面积在全波长范围内$(0<\lambda<\infty)$向整个半球空间所发射的辐射能量,用符号 E 表示,单位为 W/m^2。它实际上即为物体辐射的总能流密度。显然,它与光谱辐射力之间具有如下关系：

$$E = \int_0^\infty E\lambda(\lambda)d\lambda \tag{11-1-5}$$

2.定向辐射强度

为了说明辐射能量在空间不同方向上的分布规律,常用辐射方向上单位立体角内的辐射能量进行比较。

立体角为一空间角度,其量度与平面角的量度相类似。以立体角的角端为中心,作一半径为 r 的半球,将半球表面被立体角所切割的面积 A_c 除以 r^2,即得立体角的量度：

$$\Omega = \frac{A_c}{r^2} sr(\text{球面度}) \tag{11-1-6}$$

如图 11-1-5 所示,若取整个半球的面积为 A,则得立体角为 $2\pi sr$;若取微元面积 dA_c 为切割面积,则微元立体角：

$$d\Omega = \frac{dA_c}{r^2} sr \tag{11-1-7}$$

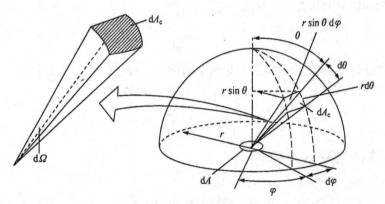

图 11-1-5　立体角定义图

参阅图 11-1-6 所示的几何关系,dA_c 可用球坐标中的纬度微元角 $d\theta$ 和经度微元角 $d\varphi$ 表示

$$dA_c = rd\theta \cdot r\sin\theta d\varphi \tag{11-1-8}$$

将此式代入式(11-1-7)得

$$d\Omega = \sin\theta d\theta d\varphi \tag{11-1-9}$$

定向辐射强度是指单位时间内单位可见辐射面积发射出去的落到空间指定方向上的单位立体角中的全波段辐射能量,其单位是 $W/(m^2 \cdot sr)$。所谓可见辐射面积,是指从空间某方向所看到的表面有效面积,如图 11-1-7 所示,在表面 A 的法线方向可见辐射面积和实际面积一般大,随着方向角 θ 增大,可见辐射面积越来越小,直至 $\theta = 90°$ 时可见辐射面积变成零。

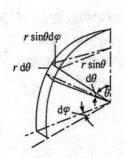

图 11-1-6　计算微元立体角的几何关系

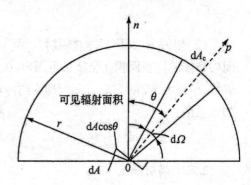

图 11-1-7　定向辐射强度定义

根据上述定义得到定向辐射强度的数学表达式为

$$I_\theta = \frac{d\Phi(\theta)}{dA\cos\theta d\Omega} \tag{11-1-10}$$

如果仅考虑某个特定波长的辐射,那么相应的量被称为定向光谱辐射强度,用 $I_{\lambda\theta}$ 表示,单位是 $W/(m^3 \cdot sr)$,其数学表达式为

$$I_{\lambda\theta} = \frac{d\Phi_\lambda(\theta)}{dA\cos\theta d\Omega d\lambda} \tag{11-1-11}$$

式(11-1-11)仅以 θ 代表空间方向,即假定在 θ 方向上辐射是完全均匀的。式(11-1-11)也是很多有关辐射理论推导和计算的基础。

同理,对定向辐射力的表达式可写为

$$E_\theta = \frac{d\Phi(\theta)}{dA d\Omega} \tag{11-1-12}$$

它表示单位时间内物体单位辐射面积向空间指定方向所在的单位立体角内所发射的全波段辐射能量,单位是 $W/(m^2 \cdot sr)$。与式(11-1-10)相比可知:

$$E_\theta = I_\theta \cos\theta \tag{11-1-13}$$

在法线方向上 $\cos\theta = 1$,所以有 $E_n = I_n$。

(二)黑体辐射基本定律

1.普朗克(Planck)定律

普朗克在量子理论的基础上得到了黑体光谱辐射力按波长分布的规律,给出了黑体光谱辐射力 $E_{b\lambda}$ 随着波长和温度变化的函数关系,即

$$E_{b\lambda} = \frac{c_1\lambda^{-5}}{e^{\frac{c_2}{\lambda T}}-1} \quad [W/(m^2 \cdot \mu m)] \tag{11-1-14}$$

式中,λ 为波长(μm);T 为黑体的热力学温度(K);c_1 为普朗克第一常数,$c_1 = 3.742\times10^8\,\mathrm{W}\cdot\mu m^4/m^2$;$c_2$ 为普朗克第二常数,$c_2 = 1.439\times10^4\mu m\cdot K$。

图 11-1-8 是式(11-1-14)的图示。由式(11-1-14)和图 11-1-8 可见,黑体的光谱辐射力随波长连续变化:$\lambda\to0$ 或 $\lambda\to\infty$ 时,$E_{b\lambda}\to0$;对于任一波长 λ,其光谱辐射力 $E_{b\lambda}$ 随温度 T 的升高而增加;任一温度 T 下的 $E_{b\lambda}$ 有一极大值,其对应的波长为 λ_{max},且随着温度 T 的增加 λ_{max} 会变小。

将式(11-1-14)对 λ 求导,并令其等于零,即可得到光谱辐射力 $E_{b\lambda}$ 为极大值时对应的波长 λ_{max} 与温度 T 的关系:

$$\lambda_{max}T = 2897.8\mu m\cdot K \tag{11-1-14'}$$

这即是维恩位移定律,图 11-1-8 虚线上的点都符合这一规律。

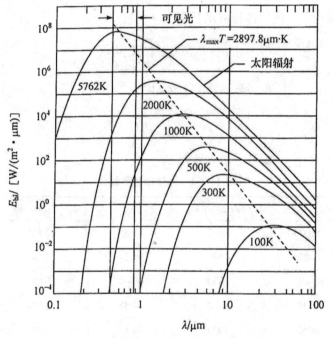

图 11-1-8 黑体光谱辐射力与波长和温度的关系

2.斯特藩-玻耳兹曼定律

在热辐射的分析和计算中,常常需要知道黑体在全波长范围内的辐射力 E_b。根据式(11-1-5)和式(11-1-14),黑体辐射力可写成

$$E_b = \int_0^\infty \frac{c_1\lambda^{-5}}{e^{\frac{c_2}{\lambda T}}-1}\mathrm{d}\lambda \tag{11-1-15}$$

对上式积分得

$$E_b = \sigma T^4 = c\left(\frac{T}{100}\right)^4 \tag{11-1-16}$$

式中,σ 为黑体辐射常数,又称为斯特藩-玻耳兹曼常数,$\sigma = 5.67\times10^{-8}\,\mathrm{W}/(m^2\cdot K^4)$;$c$ 为黑体辐射系数,$c = 5.67\,\mathrm{W}/(m^2\cdot K^4)$;T 为黑体温度(K)。

式(11-1-16)是著名的斯特藩-玻耳兹曼(Stefan-Boltzmann)定律,它表明黑体的辐射力与其热力学温度的四次方成正比,所以又称四次方定律。这也说明,随着温度的升高,黑体的辐射力急剧增大。

值得指出的是,有些工程问题需要知道在某个指定波长范围内的辐射能,即

$$E_{b(\lambda_1 \sim \lambda_2)} = \int_{\lambda_1}^{\lambda_2} E_{b\lambda} d\lambda \tag{11-1-17}$$

为方便计算,定义在 $0 \sim \lambda$ 的波长范围内黑体发出的辐射能在其辐射力中所占的份额为黑体辐射函数,即

$$F_{b(0 \sim \lambda)} = \frac{E_{b(0 \sim \lambda)}}{E_b} = \int_0^{\lambda T} \frac{1}{\sigma} \frac{c_1 (\lambda T)^{-5}}{e^{\frac{c_2}{\lambda T}} - 1} d(\lambda T) = f(\lambda T) \tag{11-1-18}$$

显然,式(11-1-18)中的被积函数为 λT 的单值函数,可直接由黑体辐射函数表 11-1-1 查得。在 $\lambda_1 \sim \lambda_2$ 的波长范围内黑体辐射函数为

$$F_{b(\lambda_1 \sim \lambda_2)} = \frac{\int_{\lambda_1}^{\lambda_2} E_{b\lambda} d\lambda}{\int_0^\infty E_{b\lambda} d\lambda} = \frac{\int_0^{\lambda_2} E_{b\lambda} d\lambda - \int_0^{\lambda_1} E_{b\lambda} d\lambda}{\int_0^\infty E_{b\lambda} d\lambda} = F_{b(0 \sim \lambda_2)} - F_{b(0 \sim \lambda_1)} \tag{11-1-19}$$

于是有

$$E_{b(\lambda_1 \sim \lambda_2)} = F_{b(\lambda_1 \sim \lambda_2)} E_b \tag{11-1-20}$$

显然,只要求得 $F_{b(\lambda_1 \sim \lambda_2)}$ 就可方便地得到 $E_{b(\lambda_1 \sim \lambda_2)}$。

表 11-1-1 黑体辐射函数表

$\lambda T/(\mu m \cdot K)$	$F_{b(0 \sim \lambda)}/\%$	$\lambda T/(\mu m \cdot K)$	$F_{b(0 \sim \lambda)}/\%$	$\lambda T/(\mu m \cdot K)$	$F_{b(0 \sim \lambda)}/\%$
600	0.000	3200	31.85	12000	94.51
700	0.000	3400	36.21	14000	96.29
800	0.0016	3600	40.40	16000	97.38
900	0.009	3800	44.38	18000	98.08
1000	0.0323	4000	48.13	20000	98.56
1100	0.0916	4200	51.64	22000	98.89
1200	0.214	4400	54.92	24000	99.12
1300	0.434	4600	57.96	26000	99.30
1400	0.782	4800	60.79	28000	99.43
1500	1.290	5000	63.41	30000	99.53
1600	1.979	5500	69.12	35000	99.70
1700	2.862	6000	73.81	40000	99.79
1800	3.946	6500	77.66	45000	99.85
1900	5.225	7000	80.83	50000	99.89
2000	6.690	7500	83.46	5500	99.92

$\lambda T/(\mu m \cdot K)$	$F_{b(0\sim\lambda)}/\%$	$\lambda T/(\mu m \cdot K)$	$F_{b(0\sim\lambda)}/\%$	$\lambda T/(\mu m \cdot K)$	$F_{b(0\sim\lambda)}/\%$
2200	10.11	8000	85.64	60000	99.94
2400	14.05	8500	87.47	70000	99.96
2600	18.34	9000	89.07	80000	99.97
2800	22.82	9500	90.32	90000	99.98
3000	27.36	10000	91.43	100000	99.99

三、兰贝特定律

兰贝特(Lambert)定律给出了黑体辐射能按空间方向的分布规律。理论上可以证明,黑体表面具有均匀辐射的性质,且在半球空间各个方向上的定向辐射强度相等,即

$$I_{\theta 1} = I_{\theta 2} = I_{\theta 3} = \cdots = I_b \tag{11-1-21}$$

定向辐射强度与方向无关的规律称为兰贝特定律。

对于服从兰贝特定律的辐射,由定向辐射强度的定义式(11-1-10)得

$$I_b \cos\theta = \frac{d\Phi(\theta)}{dA d\Omega} = E_{b\theta} \tag{11-1-22}$$

式中,$E_{b\theta}$为黑体定向辐射力$[W/(m^2 \cdot sr)]$。

由式(11-1-22)可见,黑体单位表面发出的辐射能落到空间不同方向的单位立体角内的能量不相等,其数值正比于该方向与表面法线方向之间夹角 θ 的余弦,所以兰贝特定律又称为余弦定律。

在工程中,当用电炉烘烤物件时,把物件放在电炉的正上方要比放在电炉的旁边热得快的多。在这两个位置上的物体受热快慢不同说明,电炉发出的辐射能在空间不同方向上的分布是不均匀的,正上方的能量远较两侧多。

将式(11-1-10)两端各乘以 $\cos\theta d\Omega$,然后对整个半球空间做积分,就得到从单位黑体表面发射出去落到整个半球空间的能量,即黑体的辐射力

$$E_b = \int_{\Omega=2\pi} \frac{d\Phi(\theta)}{dA} = I_b \int_{\Omega=2\pi} \cos\theta d\Omega$$

将式(11-1-9)代入上式,得

$$E_b = I_b \int_{\Omega=2\pi} \cos\theta\sin\theta d\theta d\varphi = I_b \int_{\varphi=0}^{\varphi=2\pi} d\varphi \int_{\theta=0}^{\theta=\frac{\pi}{2}} \sin\theta\cos\theta d\theta = \pi I_b \tag{11-1-23}$$

四、实际物体的辐射和吸收特性

(一)实际物体的辐射特性——发射率

实际物体的光谱辐射力往往随波长和温度做不规则的变化,并不遵循普朗克定律,只能从该物体在一定温度下的辐射光谱试验来测定。图 11-1-9 中曲线给出了黑体、灰体和实际物体的光谱辐射力 E_λ,与波长 λ 的关系。图 11-1-9 中不同曲线下的面积分别表示各物体的辐射

力。显然,试验结果表明,实际物体表面的辐射力均小于黑体表面的辐射力。为了研究实际物体辐射力的大小,引入了发射率。把实际物体的表面辐射力与同温度下黑体辐射力的比值称为实际物体的发射率(又叫黑度),用 s 表示。根据辐射力的不同定义,可以得到不同的发射率。

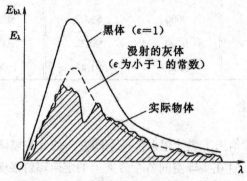

图 11-1-9　光谱辐射力 E_λ 随波长 λ 的变化

(1)总发射率,简称发射率,习惯上称为黑度,实际物体的表面辐射力与同温度下黑体辐射力的比值

$$\varepsilon = \frac{E}{E_b} \tag{11-1-24}$$

(2)光谱发射率(单色发射率),即实际物体的表面光谱辐射力与同温度下黑体光谱辐射力的比值

$$\varepsilon_\lambda = \frac{E_\lambda}{E_{b\lambda}} \tag{11-1-25}$$

总发射率与光谱发射率之间的关系可表示为

$$\varepsilon = \frac{E}{E_b} = \frac{\int_0^\infty \varepsilon_\lambda E_{b\lambda} \mathrm{d}\lambda}{E_b} = \frac{\int_0^\infty \varepsilon_\lambda E_{b\lambda} \mathrm{d}\lambda}{\sigma T^4} \tag{11-1-26}$$

需要指出,实验结果发现,实际物体的辐射力并不严格与热力学温度的四次方成正比,但要对物体采用不同次方的规律来计算,实用上很不方便。所以,在工程计算中仍看成一切实际物体的辐射力与热力学温度的四次方是成正比的,而把由此引起的误差包括到实验方法、确定的发射力中。由于这个原因,辐射力还与温度有依变关系,如图 11-1-10、图 11-1-11 所示。

(3)定向发射率 ε_θ,即实际物体在 θ 方向上的方向辐射力 E_θ 与同温度黑体辐射在该方向上的方向辐射力 $E_{b\theta}$ 之比称为该物体在 θ 方向的定向发射率。即

$$\varepsilon_\theta = \frac{E_\theta}{E_{b\theta}} = \frac{I(\theta)}{I_b} \tag{11-1-27}$$

图 11-1-12 和图 11-1-13 描绘了几种金属和非金属材料表面的定向发射率 ε_θ 随方向角 θ 的变化情况。图中可以看出 ε_θ 并不等于常数,对于磨光的金属,从 $\theta=0$ 开始,在一个小的 θ 角范围内,ε_θ 可近似看作常数,然后随着 θ 角增大,ε_θ 激剧增大,直到 θ 接近 90° 才有减小。对于非金属表面,从 θ 为 0°~60° 的范围内,ε_θ 基本上为一个常数值,表现出等强度辐射的特征,而在 $\theta>60°$ 之后明显的激剧减小,直至 90° 时降为零。

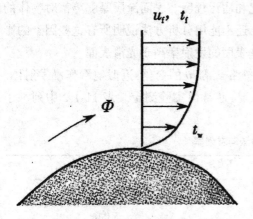

图 11-1-10　光谱发射率 ε_λ 随波长 λ 的变化

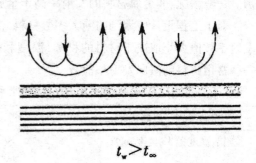

图 11-1-11　定向发射率 ε_θ 随方向角 θ 的变化

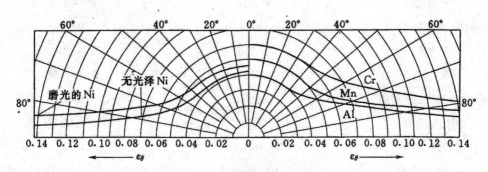

图 11-1-12　几种金属材料的定向发射率 $\varepsilon_\theta(t=150°)$

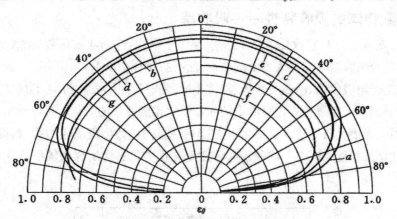

图 11-1-13　几种金属材料的定向发射率 $\varepsilon_\theta(t=0℃\sim93.3℃)$

a.潮湿的冰；b.木材；c.玻璃；d.纸；e.黏土；f.氧化铜；g.氧化铝

工程上主要应用的是沿半球空间的平均辐射率,即总辐射率。因为辐射率多为实验方法测定,而测量法线方向辐射率最为简单,所以测量物体表面的辐射率是法线方向上的方向辐射率 $\varepsilon_\theta=0$。实测表明,半球总发射率 ε 与 $\theta=0$ 时的法向发射率 ε_n 相比变化不大。可以近似认为大多数材料服从兰贝特定律,其发射率与法线发射率之比 $\varepsilon/\varepsilon_\theta=0$,对于金属表面取 $\varepsilon/\varepsilon_n=1.0\sim1.2$,对于非金属表面取 $\varepsilon/\varepsilon_n=0.95\sim1.0$。

需要注意的是,物体表面的发射率只取决于发射体本身,与外界条件无关。除了前述的表面温度外,还包括表面的性质、状况,如粗糙度、氧化和沾污程度。表面涂层厚度等都对物体的发射率有很大影响。目前,除了高度磨光的金属外,还不能用分析方法说明所有这些因素的影响。一般情况,非金属材料的发射率高于金属,粗糙表面的发射率高于光滑表面。

对于工程设计中遇到的绝大多数材料,都可以忽略 ε_θ 随 θ 的变化,近似地看作漫发射体。发射率数值大小取决于材料的种类、温度和表面状况,通常由实验测定。表 11-1-2 中列举了一些常用材料的法向发射率值。

表 11-1-2 常用材料的法向发射率

材料类别与表面状况	温度(℃)	法向发射率 ε_n
铝:高度抛光,纯度98%	50~500	0.04~0.06
工业用铝板	100	0.09
严重氧化的	100~150	0.2~0.31
黄铜:高度抛光的	260	0.03
无光泽	40~260	0.22
氧化的	40~260	0.46~0.56
铜:高度抛光的电解铜	100	0.02
轻微抛光的	40	0.12
氧化变黑的	40	0.76
金:高度抛光的纯金	100~600	0.02~0.035

(二)实际物体的吸收特性——吸收率

对于黑体,发射率为 1,吸收比也是 1,发射率等于吸收比;对于实际物体,发射率小于 1,实际物体不能完全吸收投射到其表面上的辐射能,吸收比也小于 1。

实际物体的光谱吸收比 α_λ 也与黑体、灰体不同,是波长的函数。图 11-1-14、图 11-1-15 分别绘出了几种金属和非金属材料在室温下的光谱吸收比随波长的变化。可以看出,有些材料,如磨光的铜和铝,光谱吸收比随波长变化不大;但有些材料,如阳极氧化的铝、粉墙面、白瓷砖等,光谱吸收比随波长变化很大。这种辐射特性随波长变化的性质称为辐射特性对波长的选择性。

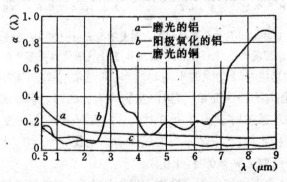

图 11-1-14　一些金属材料的光谱吸收比

人们经常利用这种选择性来为工农业生产服务,例如植物与蔬菜栽培使用的太阳能温室就是利用玻璃对阳光的吸收较少而对红外线的吸收较多的特性,使大部分太阳能穿过玻璃进入室内,而阻止室内物体发射的辐射能透过玻璃散到室外,以达到保温的目的。当太阳光照射到玻璃上时,由于玻璃对波长小于 $3\mu m$ 的辐射能的穿透比很大,从而使大部分太阳能可以进入到温室;温室中的物体(植物与土壤)由于温度低,其辐射能绝大部分位于波长大于 $3\mu m$ 的红外线范围内,玻璃对波长大于 $3\mu m$ 的红外线辐射能的穿透比小,从而阻止了辐射能向温室外的散失,这就是所谓的"温室效应"。焊接工人在焊接工件时要戴上一副黑色的墨镜,就是为了使对人眼睛有害的紫外线能被这种特殊玻璃所吸收。特别值得指出,世上万物呈现不同的颜色,主要原因也在于选择性的吸收与辐射。当阳光照射到一个物体表面上时,如果该物体几乎全部吸收各种可见光,它就呈现黑色;如果几乎全部反射可见光,它就呈现白色;如果几乎均匀地吸收各色可见光并均匀地反射,它就呈灰色;如果只反射了一种可见光而几乎全部吸收了其他可见光,则它就呈现被反射的这种辐射线的颜色,如图 11-1-16、图 11-1-17 所示。

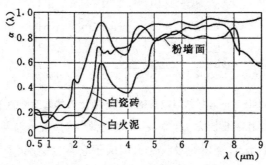

图 11-1-15　一些非金属材料的光谱吸收比

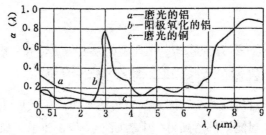

图 11-1-16　一些金属材料的光谱吸收比与波长

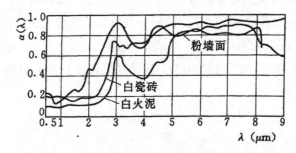

图 11-1-17　一些非金属材料的光谱吸收比与波长

正是由于实际物体的光谱吸收比对波长具有选择性,使实际物体的吸收比 α 不仅取决于物体本身材料的种类、温度及表面性质,还和投入辐射的波长分布有关,因此和投入辐射能的发射体温度有关。图 11-1-18 绘出了一些材料在室温($T_1 = 293K$)下对黑体辐射的吸收比随黑体温度 T_2 的变化。

实际物体光谱辐射特性随波长的变化给辐射传热计算带来很大的困难,因此为简化计算,引进光谱辐射特性不随波长变化的假想物体——灰体的概念。

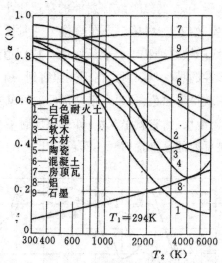

图 11-1-18 一些材料对黑体辐射的吸收比随黑体温度的变化

如果物体的光谱吸收比与波长无关,即 $\alpha_\lambda =$ 常数,则不管投入辐射的分布如何,吸收比 α 都是一个常数。换句话说,这时物体的吸收比只取决于它本身情况,而与外界情况无关。

在辐射分析中,把光谱吸收比与波长无关的物体称为灰体。对于灰体在自身的一定温度下有

$$\alpha = \alpha_\lambda = 常数 \tag{11-1-28}$$

像黑体一样,灰体也是一种理想物体。工业上的辐射传热计算一般都按灰体来处理。

(三)吸收比与发射率的关系——基尔霍夫定律

基尔霍夫定律可以通过研究两个表面的辐射传热导出。假设两个表面之间的距离很小,所以从一个表面发出的辐射能全部落到另一个表面上。若表面 1 为黑体表面,表面 2 为任意表面,表面 1 的辐射力和表面温度分别为 E_b 和 T_b,表面 2 的辐射力、吸收比和表面温度分别为 E、α 和 T。对于表面 2,单位时间内单位面积辐射出去的能量为 E,当这部分能量全部落到表面 1 时,由于表面 1 为黑体表面,E 全部被表面 1 吸收。与此同时,表面 1 辐射出去的能量 E_b 只有 αE_b 被表面 2 吸收,其余部分 $(1-\alpha)E_b$ 被反射回表面 1,并被黑体表面全部吸收。由此得两表面之间的辐射传热量为

$$q = E - \alpha E_b \tag{11-1-29}$$

当系统处于热平衡状态时,$T_b = T,q = 0$,则

$$\alpha = \frac{E}{E_b} \tag{11-1-30}$$

把这种关系推广到任意物体,可以写出如下的关系式

$$\frac{E_1}{\alpha_1} = \frac{E_2}{\alpha_2} = \cdots = \frac{E}{\alpha} = E_b \tag{11-1-31}$$

根据发射率定义式还可以改写成

$$\alpha = \frac{E}{E_b} = \varepsilon \tag{11-1-32}$$

式(11-1-31)、式(11-1-32)就是基尔霍夫定律的两种数学表达式。式(11-1-31)表明物体在某温度下的辐射力与其对同温度黑体的吸收比之比恒等于该温度下黑体的辐射力,而式(11-1-32)表明物体对黑体投入辐射的吸收比等于同温度下该物体的发射率。必须注意的是,基尔霍夫定律是在热平衡的条件下导出的,该结论只有在热平衡条件下才成立。不难看出,吸收比高的物体其辐射能力也越强,即善于辐射的物体也善于吸收。黑体的吸收比最大,因而辐射能力也就最强。

基尔霍夫定律表明,物体的吸收比等于发射率,但它必须是在物体与黑体处于热平衡时才成立。在进行工程辐射传热计算时,投入辐射既不是黑体辐射,也不会处于热平衡。所以基尔霍夫定律对于物体间的辐射传热计算并不能带来方便。

我们来研究一下漫灰体的情形。首先,按定义灰体的吸收比与波长无关,在一定温度下是一个常数;其次,物体的发射率是物性参数,与环境条件无关。假设在某温度 T 下,一个灰体与黑体处于热平衡,按基尔霍夫定律有 $\alpha(T) = \varepsilon(T)$。所以,对于漫灰表面,不论物体与外界是否处于热平衡,也不论投入辐射是否来自黑体,其吸收比总是等于同温度下的发射率,即 $\alpha = \varepsilon$,可见,灰体是无条件满足基尔霍夫定律的。由于大多数情况下的物体可按灰体对待,上述结论对辐射传热计算带来实质性的简化,故基尔霍夫定律可广泛用于工程计算。

第二节　辐射换热计算

前面讨论了热辐射的基本概念及基本定律,下面将讨论由热辐射的透明介质(如空气等)隔开的多个物体表面之间、当它们的温度互不相同时彼此进行的辐射传热情况。这种传热不仅取决于物体表面的形状、大小和相对位置,还和表面的辐射性质及温度有关。

物体表面间的辐射传热计算大致可分为三类:①已知各表面的温度,求表面的净辐射传热量;②已知表面的净辐射传热量,确定表面的温度;③已知一些表面的净辐射传热量和另一些表面的温度,求一些表面的温度和另一些表面的净辐射传热量。

由于物体间的辐射传热是在整个空间中进行的,因此,在讨论任意两表面间的辐射传热时,必须对所有参与辐射传热的表面均进行考虑。实际处理时,常把参与辐射传热的有关表面视作一个封闭系统,表面间的开口设想为具有黑体表面性质的假想面。

为了使辐射传热的计算简化,假设:①进行辐射传热的物体表面之间是不参与辐射的透明介质(如单原子或具有对称分子结构的双原子气体、空气)或真空;②参与辐射传热的物体表面都是漫射(漫发射、漫反射)灰体或黑体表面;③每个表面的温度、辐射特性及投入辐射分布均匀;④辐射传热是稳态的,所有与辐射传热有关的量都不随时间而变化。下面如不特殊说明,讨论的辐射传热问题均满足上述假定。

一、角系数

1.角系数的概念

如前所述,物体间的辐射传热必然与物体表面的几何形状、大小及相对位置有关,为了表征这些纯几何因素的影响,引入角系数概念。定义一表面发射出去的辐射能投射到另一表面上的份额为该表面对另一表面的角系数。

如图 11-2-1 所示,表面 1 发出的辐射能中,只有一部分落到表面 2 上,把表面 1 发出的辐射能中落到表面 2 上的能量所占的百分数称为表面 1 对表面 2 的角系数,用符号 $X_{2,1}$ 表示。

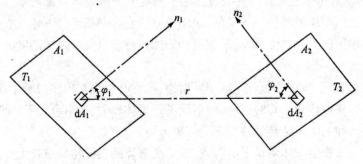

图 11-2-1 任意放置的两个表面间的辐射传热

同理,可以定义表面 2 对表面 1 的角系数 $X_{2,1}$。容易理解,角系数可有微元面对微元面的微元辐射角系数、微元面对有限面的局部辐射角系数和有限面对有限面的平均角系数。

2.角系数的性质

(1)角系数的相对性:对于任意两表面,角系数的相对性有以下三种表达方式:

从微元表面到微元表面:

$$dA_1 dX_{d1,d2} = dA_2 dX_{d2,d1}$$

从微元表面到有限表面:

$$dA_1 dX_{d1,2} = A_2 X_{2,d1}$$

从有限表面到有限表面:

$$A_1 X_{1,2} = A_2 X_{2,1} \tag{11-2-1}$$

(2)角系数的完整性:对于由几个表面组成的封闭系统,根据能量守恒定律,任何一表面发射的辐射能必全部落到组成封闭系统的几个表面(包括该表面)上。因此,任一表面对各表面的角系数之间存在着下列关系:

$$X_{i,1} + X_{i,2} + \cdots + X_{i,j} + \cdots + X_{i,n} = \sum_{j=1}^{n} X_{i,j} = 1 \tag{11-2-2}$$

这就是角系数的完整性。

(3)角系数的可加性:根据能量守恒定律,由图 11-2-2(a)可知,表面 1(面积为 A_1)发出的辐射能中到达表面 2 和 3(面积 $A_{2+3} = A_2 + A_3$)上的能量,等于表面 1 发出的辐射能中分别到达表面 2 和表面 3 上的能量之和,因此

$$A_1 X_{1,(2+3)} = A_1 X_{1,2} + A_1 X_{1,3}$$

或

$$X_{1,(2+3)} = X_{1,2} + X_{1,3} \tag{11-2-3}$$

同理,由图 11-2-2(b)可得

$$A_{1+2}X_{(1+2),3} = A_1X_{1,3} + A_2X_{2,3} \tag{11-2-4}$$

角系数的上述特性可以用来求解许多情况下两表面间的角系数之值。下面将讨论角系数的计算问题。

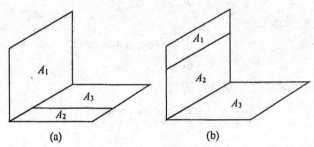

图 11-2-2　角系数的可加性

3.角系数的计算

求解角系数的方法主要有直接积分法与代数分析法两种。

(1)直接积分法:如图 11-2-3 表示两个任意放置的黑体表面,分别从表面 1(面积为 A_1)和 2(面积为 A_2)上取两个微元面积 dA_1 和 dA_2。由定向辐射强度的定义,dA_1 向 dA_2 辐射的能量为

$$d\Phi_{1,2} = dA_1 I_{b1} \cos\varphi_1 d\Omega_1 \tag{11-2-5}$$

由立体角的定义:

$$d\Omega_1 = \frac{dA_2 \cos\varphi_2}{r^2} \tag{11-2-6}$$

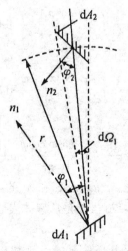

图 11-2-3　直接积分法图示

把式(11-2-6)代入式(11-2-5)式得

$$d\Phi_{1,2} = I_{b1} \frac{\cos\varphi_1 \cos\varphi_2}{r^2} dA_1 dA_2 \tag{11-2-7}$$

根据定向辐射强度与辐射力之间的关系

$$I_b = \frac{E_b}{\pi} \tag{11-2-8}$$

则表面 dA_1 向半球空间发出的辐射能为

$$\Phi_1 = \pi I_{b1} dA_1 \tag{11-2-9}$$

于是 dA_1 对 dA_2 的角系数为

$$X_{d1,d2} = \frac{d\Phi_{1,2}}{\Phi_1} = \frac{\cos\varphi_1 \cos\varphi_2 dA_2}{\pi r^2} \tag{11-2-10}$$

同理,可以导出微元表面 dA_2 对 dA_1 的角系数为

$$X_{d2,d1} = \frac{d\Phi_{2,1}}{\Phi_2} = \frac{\cos\varphi_1 \cos\varphi_2 dA_1}{\pi r^2} \tag{11-2-11}$$

分别对上述两式中的其中一个表面积分,就能导出微元表面对另一表面的角系数,即微元表面 dA_1 对表面 2 的角系数为

$$X_{d1,2} = \int_{A_2} \frac{\cos\varphi_1 \cos\varphi_2}{\pi r^2} dA_2 \tag{11-2-12}$$

同理,微元表面 dA_2 对表面 1 的角系数为

$$X_{d2,1} = \int_{A_1} \frac{\cos\varphi_1 \cos\varphi_2}{\pi r^2} dA_1 \tag{11-2-13}$$

利用角系数的相对性有 $dA_1 X_{d1,2} = A_2 X_{2,d1}$,则表面 2 对微元表面 dA_1 的角系数为

$$X_{2,d1} = \frac{1}{A_2} \int_{A_2} \frac{\cos\varphi_1 \cos\varphi_2}{\pi r^2} dA_2 dA_1 \tag{11-2-14}$$

积分上式,得到表面 2 对表面 1 的角系数为

$$X_{2,1} = \frac{1}{A_2} \int_{A_1} \int_{A_2} \frac{\cos\varphi_1 \cos\varphi_2}{\pi r^2} dA_2 dA_1 \tag{11-2-15}$$

同理,表面 1 对表面 2 的角系数为

$$X_{1,2} = \frac{1}{A_1} \int_{A_2} \int_{A_1} \frac{\cos\varphi_1 \cos\varphi_2}{\pi r^2} dA_1 dA_2 \tag{11-2-16}$$

写成一般的形式为

$$X_{i,j} = \frac{1}{A_i} \int_{A_i} \int_{A_j} \frac{\cos\varphi_i \cos\varphi_j}{\pi r^2} dA_i dA_j \tag{11-2-17}$$

从式(11-2-17)可看出,角系数是 φ_1、φ_2、r、A_i 和 A_j 的函数,它们皆为纯粹的几何量,所以角系数也是纯粹的几何量。式(11-2-17)虽然是从黑体表面间辐射传热导出的,但同样适用于非黑体表面间的辐射传热。

运用积分法可以求出一些较复杂几何体系的角系数。工程上为计算方便,通常将角系数表示成图线形式。图 11-2-4~图 11-2-6 为一些常见几何体系的角系数。

(2)代数分析法:所谓代数分析法,就是利用角系数的相对性、可加性及完整性通过求解代数方程而获得角系数的方法。下面讨论两种情况。

①由三个非凹表面组成的封闭系统。如图 11-2-7 所示为一个由三个非凹表面组成的封

闭系统,其在垂直于纸面的方向上足够长。设三个表面的面积分别为 A_1、A_2 和 A_3,由角系数的相对性和完整性可以写出

$$X_{1,2}+X_{1,3}=1 \qquad\qquad (a)$$
$$X_{2,1}+X_{2,3}=1 \qquad\qquad (b)$$
$$X_{3,2}+X_{3,2}=1 \qquad\qquad (c)$$
$$A_1X_{1,2}=A_2X_{2,1} \qquad\qquad (d)$$
$$A_1X_{1,3}=A_3X_{3,1} \qquad\qquad (e)$$
$$A_2X_{2,3}=A_3X_{3,2} \qquad\qquad (f)$$

这是一个六元一次方程组,有 6 个未知数,可封闭求解,例如

$$X_{1,2}=\frac{A_1+A_2-A_3}{2A_1}=\frac{L_1+L_2-L_3}{2L_1} \qquad\qquad (11\text{-}2\text{-}18)$$

式中,L 为每个表面在横断面上的线段长度。由于表面均是非凹的,各表面发出的辐射能不会落到自身表面上,所以自身的角系数 $X_{1,1}=X_{2,2}=X_{3,3}=0$。

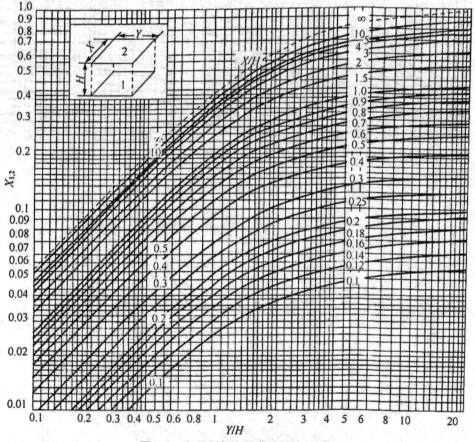

图 11-2-4 平行长方形表面间的角系数

②由两个非凹表面组成的系统。有两个可以相互看得见的非凹表面,在垂直于纸面的方向上无限长,面积分别为 A_1 和 A_2,如图 11-2-8 所示。

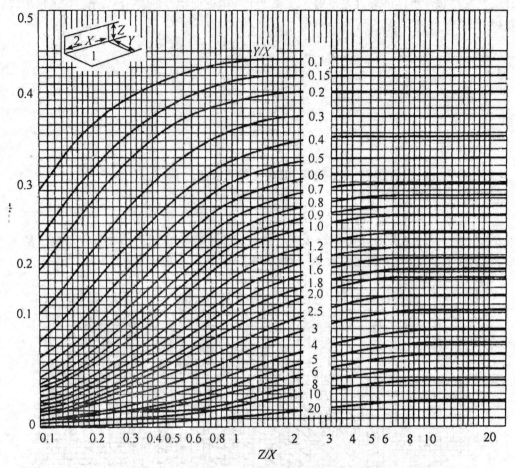

图 11-2-5　具有公共边且相互垂直的两长方形表面间的角系数

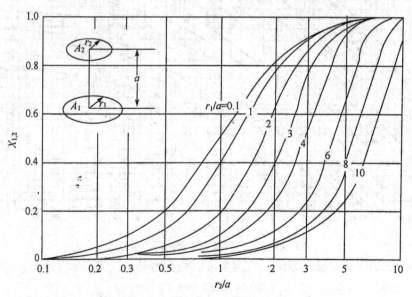

图 11-2-6　两个同轴平行圆表面间的角系数

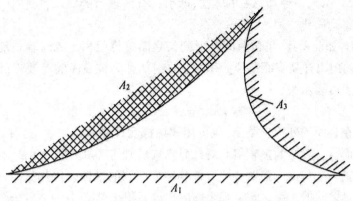

图 11-2-7　三个非凹表面组成的封闭系统

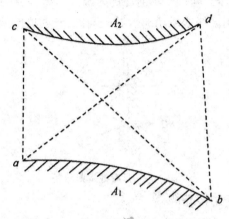

图 11-2-8　两个非凹表面组成的系统

二、两表面间的辐射传热计算

1.两黑体表面间的辐射传热

由于黑体的特殊性,离开黑体表面的辐射能只是自身辐射,落到黑体表面的辐射能全部被吸收,使得表面间辐射传热问题得到简化。

对于处于任意相对位置的两个黑体表面 1 和表面 2,温度分别为 T_1 和 T_2,面积分别为 A_1 和 A_2,则表面 1 发出的辐射能为 $A_1 E_{b1}$,落在表面 2 上的份额为 $A_1 E_{b1} X_{1,2}$;同理,表面 2 发出辐射能落在表面 1 上的份额为 $A_2 E_{b2} X_{2,1}$。表面 1、2 之间的辐射传热量为

$$\Phi_{1,2} = A_1 E_{b1} X_{1,2} - A_2 E_{b2} X_{2,1}$$

根据角系数的相对性 $A_1 X_{1,2} = A_2 X_{2,1}$,上式又可写为

$$\Phi_{1,2} = A_1 X_{1,2}(E_{b1} - E_{b2}) = A_2 X_{2,1}(E_{b1} - E_{b2}) = \frac{E_{b1} - E_{b2}}{\dfrac{1}{A_1 X_{1,2}}} = \frac{E_{b1} - E_{b2}}{\dfrac{1}{A_2 X_{2,1}}} \qquad ((11\text{-}2\text{-}19)$$

可见,求解两黑体表面之间辐射传热的关键是确定两个黑体表面之间的角系数 $X_{1,2}$ 或 $X_{2,1}$。

2.两灰体表面之间的辐射传热

灰体表面间的辐射传热比黑体表面间的辐射传热要复杂,因为它存在着灰体表面间多次

反射、吸收的现象。引入一种算总账的方法,即引入有效辐射的概念,可使灰体表面间辐射传热的分析和计算得到简化。

(1)有效辐射:如前所述,单位时间投射到某表面单位面积上的总辐射能称为投入辐射,记为 G。单位时间内离开某表面单位面积的总辐射能称为该表面的有效辐射,记为 J。因此,某表面的有效辐射可表示为

$$J = E + \rho G = \varepsilon E_b + (1-\alpha)G \tag{11-2-20}$$

有效辐射可在表面的外边感受到,也可用辐射探测仪测量出来。由式(11-2-20)可知,有效辐射由物体表面自身发出的热辐射和对外界投入辐射的反射两部分组成。

下面用有效辐射 J 和投入辐射 G 来计算物体表面间的净辐射传热量,并由此分析有效辐射与净辐射传热量之间的关系。定义某表面的单位面积在单位时间内的净辐射传热量 q 等于该表面的单位面积在单位时间内收、支辐射能的差额。这个差额的表达式,可因观察地点而有不同的形式。图 11-2-9 中用虚线表示出靠近某表面内、外两侧的两个假想面 1—1 和 2—2。

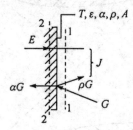

图 11-2-9 有效辐射分析

如果在假想面 1—1 处(物体外部)观察,则

$$q = J - G \tag{11-2-21}$$

或

$$\Phi = JA - GA \tag{11-2-22}$$

如果在假想面 2—2 处(物体内部)观察,则

$$q = E - \alpha G \tag{11-2-23}$$

或

$$\Phi = EA - \alpha GA \tag{11-2-24}$$

联解式(11-2-20)和式(11-2-22),消去 G 得

$$J = \frac{E}{\alpha} - \left(\frac{1}{\alpha}-1\right)\frac{\Phi}{A} \tag{11-2-25}$$

由于 $E = \varepsilon E_b$,对灰体有 $\alpha = \varepsilon$,式(11-2-25)变为

$$J = E_b - \left(\frac{1}{\varepsilon}-1\right)\frac{\Phi}{A} \tag{11-2-26}$$

(2)两灰体表面间的辐射传热:两灰体表面间的辐射传热量为

$$\Phi_{1,2} = A_1 J_1 X_{1,2} - A_2 J_2 X_{2,1} \tag{11-2-27}$$

又由式(11-2-26)得

$$J_1 A_1 = A_1 E_{b1} - \left(\frac{1}{\varepsilon_1}-1\right)\Phi_{1,2} \tag{11-2-28}$$

$$J_2 A_2 = A_2 E_{b2} - \left(\frac{1}{\varepsilon_2} - 1\right)\Phi_{2,1} \tag{11-2-29}$$

由能量守恒有

$$\Phi_{1,2} = -\Phi_{2,1} \tag{11-2-30}$$

于是由式(11-2-27)~式(11-2-30)可得

$$\Phi_{1,2} = \frac{E_{b1} - E_{b2}}{\dfrac{1-\varepsilon_1}{\varepsilon_1 A_1} + \dfrac{1}{A_1 X_{1,2}} + \dfrac{1-\varepsilon_2}{\varepsilon_2 A_2}} \tag{11-2-31}$$

从式(11-2-31)可看出,如果表面发射率 ε 趋近于 1 或者面积 A 趋于无穷大时,$(1-\varepsilon_1)/(\varepsilon_1 A_1)$ 和 $(1-\varepsilon_2)/(\varepsilon_2 A_2)$[一般形式为 $(1-\varepsilon_i)/(\varepsilon_i A_i)$]趋近于零,由此可见,$(1-\varepsilon)/(\varepsilon A)$ 是因为表面发射率不等于 1 或表面面积不是无穷大而产生的热阻,即由表面的因素产生的热阻,所以称为表面辐射热阻,简称表面热阻。$1/(A_1 X_{1,2})$[一般形式为 $1/(A_i X_{i,j})$]为空间辐射热阻,简称空间热阻,它取决于表面间的几何因素,当表面间的角系数越小或表面积越小时,辐射能量从一表面投射到另一表面上的空间热阻就越大。

两个灰体表面组成的封闭系统的辐射传热是灰体表面间辐射传热的最简单例子。图 11-2-10 就表示这样的系统及其由基本热阻组成的辐射传热网络图。根据图 11-2-10 中辐射传热网络图,可直接写出如式(11-2-31)的两个灰体表面间的辐射传热量计算式。

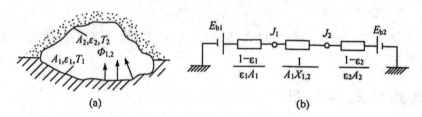

图 11-2-10　两个灰体表面组成的封闭系统

对于图 11-2-11 所示的各种情况,式(11-2-31)经适当变化后可得到下列各式:

同心长圆筒壁[图 11-2-11(a)]:

$$\Phi_{1,2} = \frac{\sigma(T_1^4 - T_2^4)A_1}{\dfrac{1}{\varepsilon_1} + \dfrac{1-\varepsilon_2}{\varepsilon_2}\dfrac{A_1}{A_2}} \tag{11-2-32}$$

两平行大平壁[图 11-2-11(b)]:

$$\Phi_{1,2} = \frac{\sigma(T_1^4 - T_2^4)A}{\dfrac{1}{\varepsilon_1} + \dfrac{1}{\varepsilon_2} - 1} \tag{11-2-33}$$

同心球壁[图 11-2-11(c)]:

$$\Phi_{1,2} = \frac{\sigma(T_1^4 - T_2^4)A_1}{\dfrac{1}{\varepsilon_1} + \dfrac{1-\varepsilon_2}{\varepsilon_2}\dfrac{A_1}{A_2}} \tag{11-2-34}$$

包壁与内包小的非凹物体[图 11-2-11(d)]:

$$\Phi_{1,2} = \sigma \varepsilon_1 (T_1^4 - T_2^4)A_1 \tag{11-2-35}$$

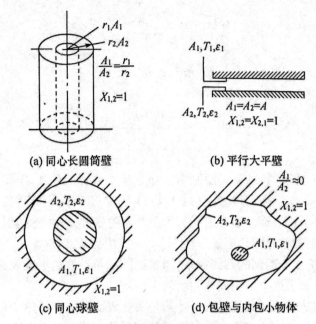

(a) 同心长圆筒壁   (b) 平行大平壁

(c) 同心球壁   (d) 包壁与内包小物体

图 11-2-11   几种典型情况下的辐射传热

式(11-2-32)~式(11-2-35)可统一写成以下形式：

$$\Phi_{1,2} = \varepsilon_s \sigma (T_1^4 - T_2^4) A_1 \tag{11-2-36}$$

式中，ε_s 是系统发射率(黑度)，将式(11-2-36)与其他各式比较，可得各种情况下系统发射率(黑度)的计算式。

三、遮热板及其应用

(一)遮热板概述

为了削弱两物体之间的辐射换热，可以采用减少表面发射率及在两个辐射表面之间安插遮热板的方法。所谓遮热板就是指在两个辐射换热表面之间插入薄板。为了说明遮热板的工作原理，下面来分析在平行平板之间插入一块薄金属板所引起的辐射换热的变化。辐射表面和金属板的温度、吸收比如图 11-2-12 所示。为讨论方便，设平板和金属薄板都是灰体，且根据克希基尔霍夫定律

$$\alpha_1 = \alpha_2 = \alpha_3 = \varepsilon \tag{11-2-37}$$

则由式(9-2-60)可得

$$q_{1,3} = \varepsilon_s (E_{b1} - E_{b2}) \tag{11-2-38}$$

$$q_{3,2} = \varepsilon_s (E_{b3} - E_{b2}) \tag{11-2-39}$$

式中 $q_{1,3}$ 和 $q_{3,2}$ 分别为表面 1 对遮热板 3、遮热板 3 对表面 2 的辐射换热热流密度。由于三块板的发射率均相同，则表面 1、3 及表面 3、2 两个系统发射率 ε_s 为

$$\varepsilon_s = \frac{1}{\dfrac{1}{\varepsilon} + \dfrac{1}{\varepsilon} - 1} \tag{11-2-40}$$

稳态时有：$q_{1,3}=q_{3,2}=q_{1,2}$，将式（11-2-38）与式（11-2-39）相加得

$$q_{1,2}=\frac{1}{2}\varepsilon_s(E_{b1}-E_{b2}) \tag{11-2-41}$$

与没有遮热板时相比，辐射换热量减小了一半。为了使削弱辐射换热的效果更为显著，实际上多采用发射率低的金属板作为遮热板。当一块遮热板达不到削弱换热的要求时，可以采用多层遮热板。

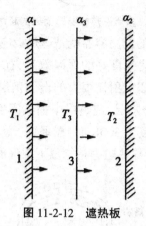

图 11-2-12　遮热板

（二）遮热板在工程中的应用

工程中遮热板应用十分广泛，例如高温测量是为了提高测量的精确度，经常应用遮热板的原理。图 11-2-13 为单层遮热罩抽气热电偶测量示意图。如果使用裸露热电偶测量高温气流的温度，高温气流以对流方式把热量传给热电偶，同时热电偶又以辐射形式把热量传给温度较低的容器壁。

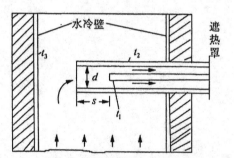

图 11-2-13　单层遮热罩抽气式热电偶测温示意图

在热平衡时，热电偶温度不再变化，此温度为指示温度，它必低于气体的真实温度。使用遮热罩抽气式热电偶时，热电偶在遮热罩保护下辐射散热减少，抽气作用可增加对流换热，使测量误差减少。为使遮热罩能对热电偶有效地起到屏蔽作用，s/d 应大于 2~2.2。裸露时测量误差高达 20.7%，用单层遮热罩抽气热电偶时测量误差降 4.9%。

石油在地下数千米，黏度很大，开采时需注射高温高压蒸气使其黏度降低。为减少蒸汽散热损失，可采用如图 11-2-14 类似的低温保温容器的多层遮热板并抽真空的超级隔热油管。

图 11-2-14　多层遮热板制造而成的超级隔热油管

　　在低温技术中,储存液态气体的低温容器就是遮热板应用的一个典型实例。储存液氮、液氧的容器如图 11-2-15 所示,为了达到良好的保温效果,往往采用多层遮热板并抽真空的方法。遮热板用塑料膜制成,其上涂以反射比很大的金属箔层,箔层厚约 0.01~0.05mm,箔间嵌以质轻且导热系数小的材料作为分隔层,绝热层中抽成高度真空。据测定,当冷面(内壁)温度为 20~80K,热面(容器外壁)温度为 300K 时,在垂直于遮热板方向上的导热系数可低至 5~10×10^{-5}W/$(m \cdot K)$。可见,其当量导热阻力是常温下空气的几百倍,故有超级绝热材料之称。

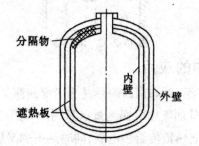

图 11-2-15　多层遮热板保温容器示意图

第十二章 对流换热

第一节 对流换热概述

人们对于对流换热现象都有一些感性认识。冷却物体时,用风吹比放在空气中自然冷却快些;增加风速,冷却作用增强;若改用水冷方法,则会比空气冷却快得多;物体的形状、位置等不同也会影响冷却过程的速度。由此可见,影响对流换热的因素是很复杂的。

一、对流换热过程的特点

对流换热是一种复杂的热交换过程,它已不是传热的基本方式,这种过程既包括流体分子之间的导热作用,同时也包括流体位移所产生的对流作用。

对流换热现象在工程上十分常见。例如,冬季房间中的热量以对流换热方式传给外墙,外墙也是以对流换热方式将热量传给室外空气;锅炉中的省煤器、空气预热器以及工业中许许多多冷却、加热设备的换热过程,主要是对流换热。与固体中的导热相同,流体中的导热也是由温度梯度和热导率决定的。而对流时热量转移,则是依靠流体产生的位移。这就使得对流换热现象极为复杂。显然,一切支配流体导热和热对流作用的因素,诸如流动起因、流动状态、流体的种类和物性、壁面几何参数等诸因素都会影响对流换热。

二、影响对流换热的因素

1.流体的流动起因

按照流体运动发生的原因来分,流体的运动分为两种。一种是自然对流,即由于流体各部分温度不同所引起的密度差异产生的流动;另一种是受迫运动,即受外力影响,例如受风力、风机、水泵的作用所发生的流体运动。例如,室内空气由于受散热器热表面的加热,靠近散热器的空气温度增高,密度减小,远处的空气温度则较低,密度较大,从而使靠近散热器处的空气产生浮升力。在浮升力的作用下,热空气上升,冷气流来补充,从而形成空气的对流运动。自然对流的发生及其强度完全取决于过程的受热情况、流体的种类、温度差以及进行处的空间大小和位置来决定。受迫运动的情况取决于流体的种类和物性、流体的温度、流动速度以及流道形状和大小。在一般情况下,流体发生受迫对流时,也会发生自然对流。不过,当受迫流动的流速很大时,自然对流的影响相对较弱,可忽略不计。

2.流体的流动状态

流体的流动存在着两种不同状态。流动速度较小时,流体各部分均沿流道壁面作平行运动,互不干扰,这种流动称为层流;当流动速度较大时,流体各部分的运动呈不规则的混乱状态,并有漩涡产生,这种流动称为紊流。流体是层流还是紊流与雷诺数 Re 的大小有关。

在对流换热过程中热量转移的规律随流体的流动状态不同而不同。在层流状态下,沿壁面法线方向的热量转移主要依靠导热,其数值大小取决于流体的热导率。在紊流状态下,依靠导热转移热量的方式,只存在于层流边界层中,而紊流核心中的热量转移则依靠流体各部分的剧烈位移,由于层流边界层的热阻远大于紊流核心的热阻,前者在对流换热过程中起决定性作用。所以对流换热的强度主要取决于层流边界层的导热。因此,要增强换热,可以在某种程度上,用增加流体流速的方法来实现。在紊流状态时,对流传递作用得到加强,换热较好。

3. 流体的相变

流体在换热过程中有可能发生相变,如蒸汽放热凝结、液体吸热沸腾。若流体在换热过程中发生相变,换热情况也会发生改变。一般来说,对同一种流体,有相变的换热强度要大于无相变的换热。

4. 流体的物理性质

流体的物性因其种类、所处的温度、所受的压力而变化。影响换热过程的物性参数有:热导率 λ、比热容 c、密度 ρ、动力粘度 μ 等。热导率大,流体内和流体与壁之间的导热热绝缘系数小,换热就强。比热容和密度大的流体,单位体积能携带更多的热量,从而使对流作用传递的热量增多。对于每一种流体,当其状态确定后,这些参数都具有一定的数值。这些参数的数值随流体温度改变而按一定的函数关系变化,其中某些参数还和流体的压力有关。在换热时,由于流场内温度各不相同,物性各异,通常选择一特征温度以确定物性参数,把物性当作常量处理,这一温度称为定性温度。

5. 换热表面的几何尺寸、形状与大小

壁面的几何因素影响流体在壁面上的流态、速度分布、温度分布,在研究对流换热问题时,应注意对壁面的几何因素作具体分析。表面的大小、几何形状,粗糙度以及相对于流体流动方向的位置等因素都直接影响对流换热过程,这是因为换热表面的特征不同导致流体的运动和换热条件不同所至。在分析计算时,可以采用对换热有决定影响的特征尺寸作为依据,这个尺寸称为定型尺寸。

总之,流体和固体表面之间的换热过程是极其复杂的,影响因素很多,以上分析了主要因素。

三、表面传热系数

一般情况下计算流体和固体壁面间的对流热流密度 q 是以牛顿公式(牛顿 1701 年提出)为基础的,其公式如下:

$$q = h(t_w - t_f) \tag{12-1-1}$$

式中　　q——对流热流密度,单位为 W/m^2;

　　　　t_w——壁面的温度,单位为 ℃;

　　　　t_f——流体的温度,单位为 ℃;

h——表面传热系数,单位为 $W/(m^2 \cdot K)$。

表面传热系数 h 的物理意义是指单位面积上当流体和固体壁之间为单位温差,在单位时间内传递的热量。表面传热系数的大小反映了对流换热的强弱。

由于 h 的影响因素很多,并且在理论上使解决对流换热问题集中于求解表面传热系数问题,因此对流换热过程的分析和计算以表面传热系数的分析和计算为主。综合上述几方面的影响,不难得出结论,表面传热系数将是众多因素的函数,即

$$h=f(\lambda,c,\beta,\rho,\mu,t_w,t_f,l,\varphi) \tag{12-1-2}$$

式中　　l——定型尺寸,单位为 m;

　　　　φ——几何形状因素。

研究对流换热的目的之一就是通过各种方法寻求不同条件下式(12-1-2)的具体函数式。

第二节　对流换热相似理论及应用

传热学中通过实验获取对流换热系数的关联式在传热学中占有重要地位,是一种既重要又可靠的方法。对流换热是一种复杂的热量交换过程,所涉及的变量较多,要找出众多变量之间的关联,需要进行大量的实验。以管内强制对流换热为例,要通过实验获得其对流换热系数,需要研究的变量包括:流速 u,管径 d,流体黏度 μ、导热系数 λ、比热容 c_p、密度 ρ。如果每一个变量需要进行 4 次实验,6 个物理量需要进行实验的次数为 4 次。为了减少实验次数,得出具有一定通用性的关联式,应在相似原理的指导下安排实验。

由于受到温度、压力和尺寸的限制在工程实际中很难用直接实验方法来进行实验。而且直接实验结果只适用于某些特定条件,并不具有普遍意义,因而即使花费巨大,也难能揭示现象的物理本质和描述其中各量之间的规律性关系。为了避免直接实验的局限性,应采用以相似原理为基础的模型实验方法,即先在模型实验台上进行实验,然后根据相似原理整理实验数据,找出模型中的对流换热规律,再将这些规律推广到与实验模型相似的各种实际设备中去。

如果用相似原理来进行实验,在实验之前需要解决以下问题:

(1)如何设计相似实验;

(2)实验中需要测量哪些变量;

(3)实验后如何对数据进行处理;

(4)所得的结果在什么条件下可以应用。

一、物理现象相似

我们将用一些简单的例子来阐明物理现象相似的概念。例如流体在管内稳态流动时的速度场相似问题。如图 12-2-1 两根直径和管内流速均不相同的管子,所谓它们的速度场相似,就是管内对应点上的速度成比例。

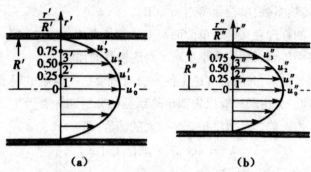

图 12-2-1　管内稳定流动时的速度场相似

设从两管内半径方向取点 1、2、3、…（分别用 "′"，和 "″" 标记（a）、（b）两管），它们离管轴的距离分别为 r'_1、r''_1；r'_2、r''_2；r'_3、r''_3；…若各点 r 之比满足下列关系

$$\frac{r'_1}{r''_1} = \frac{r'_2}{r''_2} = \frac{r'_3}{r''_3} = \cdots \frac{r'}{r''} = C_l$$

则 1′、1″；2′、2″；3′、3″；…在空间构成对应点，当这些对应点上的速度成比例时，即

$$\frac{u'_1}{u''_1} = \frac{u'_2}{u''_2} = \frac{u'_3}{u''_3} = \cdots \frac{u'}{u''} = C_u$$

式中，C_l 为两管几何相似倍数，将（a）管 r'_1、r'_2、r'_3、…分别除以 C_l，就得到（b）管的对应点 r''_1、r''_2、…值；C_u 为两管速度场相似倍数，同样将（a）管对应点上的速度 u'_1、u'_2、u'_3、…分别除以 C_u，就得到（b）管对应点上的速度 u''_1、u''_2、u''_3…

所谓温度场相似，是指对应点上温度 t' 与 t'' 成比例，即

$$\frac{t'_1}{t''_1} = \frac{t'_2}{t''_2} = \frac{t'_3}{t''_3} = \cdots \frac{t'}{t''} = C_t$$

式中，C_t 是温度场相似倍数，由此把（b）管上对应点的温度乘以 C_t 就得到（a）管上的温度场。

但是，如果上述温度场是随时间变化的非稳态温度场，那么，还必须考虑时间相似，即必须是在时间对应瞬间，空间对应点上温度成比例，才能说两者的温度场相似。设图 12-2-2 是空间两个对应点上温度随时间的变化规律，对应瞬间就是指

$$\frac{\tau'_1}{\tau''_1} = \frac{\tau'_2}{\tau''_2} = \frac{\tau'_3}{\tau''_3} = \cdots \frac{\tau'}{\tau''} = C_\tau$$

式中，C_τ 为时间相似倍数。

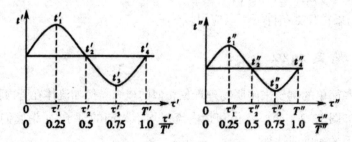

图 12-2-2　对应时间相似

物理量相似的实质问题可以通过上述两个例子来解释。同样，一个物理现象会受到多方

面对流换热因素的综合影响的。包括温度 T、速度 u、导热系数 λ、密度 ρ、粘度 μ、几何尺寸 l 等,每个物理量都有其在换热系统中的分布状况。因此,若两对流换热现象相似,实质是它们的温度场、速度场、粘度场、导热系数场……都分别相似,也就是在对应瞬间对应点上各物理量分别成比例,即

$$\frac{\tau^{'}}{\tau^{''}} = C_\tau$$

$$\frac{x^{'}}{x^{''}} = \frac{y^{'}}{y^{''}} = \frac{z^{'}}{z^{''}} = C_l$$

$$\frac{t^{'}}{t^{''}} = C_t$$

$$\frac{u^{'}}{u^{''}} = C_u$$

$$\frac{\lambda^{'}}{\lambda^{''}} = C_\lambda$$

$$\frac{\mu^{'}}{\mu^{''}} = C_\mu$$

$$\cdots$$

各物理量之间的影响因素不是孤立的,它们之间存在着由对流换热微分方程所规定的关系。因此,各相似倍数之间必定有制约关系,它们的值不是随意给定的,这在以后推导相似准则时,可以得到解释。

还需强调的是在多种多样的物理现象中,相似的可能性只存在于同一类型的物理现象中。所谓同类现象是指那些用相同形式和内容的微分方程式(包括控制方程和单值性条件的方程)所描述的现象。如电场与温度场,虽然它们的微分方程式相仿,但内容不同而不是同类现象;又如对流换热现象中强迫流动换热与自然流动换热,虽然都是对流换热现象,但它们的微分方程和内容都有差异,也不是同类的现象;再如强迫外掠平板和外掠圆管,它们的控制方程相同,但单值性条件不同,也不是同类的现象。不同类的现象影响因素各异,显然不能建立相似关系。

综上所述,影响物理现象的所有物理量场分别相似的综合,就构成了物理相似。在理解这个问题时,要注意三点:①必须是同类现象才能谈相似;②由于描述现象的微分方程式的制约,物理量的相似倍数间有特定的制约关系;③注意物理量的时间性和空间性。

二、相似原理

相似原理的表示有相似的性质、判别相似的条件和相似准则间的关系。它们分别解决了试验中遇到的三个问题:实验中应测量哪些量? 实验数据如何整理表达? 实验结果如何推广应用于实际现象? 这样,就可以用相似的模型代替实际设备进行实验,从而大大简化了实验的规模,并使得从实验得到的结果能反映一类现象的规律,并推广应用于同类相似现象中去。

1.相似的性质

如前所述,两物理现象相似时,各物理量分别相似,据此可以导出相似现象的一个重要性

质:彼此相似的现象,它们的同名相似准则必定相等。

下面从稳态无相变对流换热过程阐明相似准则是怎样得出的,同时阐明为什么现象相似同名相似准则必定相等。

现以 Nu 准则的导出过程为例。由对流换热微分方程式

$$h = -\frac{\lambda}{\Delta t}\left(\frac{\partial t}{\partial y}\right)_w \tag{12-2-1}$$

设 a、b 两对流换热现象相似,则由式(12-2-2)可以分别列出:

现象 a

$$h'\Delta t' = -\lambda'\left(\frac{\partial t'}{\partial y'}\right)_w \tag{12-2-2}$$

现象 b

$$h''\Delta t\Delta = -\lambda''\left(\frac{\partial t''}{\partial y''}\right)_w \tag{12-2-3}$$

因为 a、b 相似,所以它们各物理量场应分别相似,即

$$\frac{h'}{h''} = C_h, \frac{t'}{t''} = C_t; \frac{y'}{y''} = C_l, \frac{\lambda'}{\lambda''} = C_\lambda \tag{12-2-4}$$

由式(12-2-4)得

$$\left.\begin{array}{l} h' = C_h h'' \\ t' = C_t t'' \\ y' = C_l y'' \\ \lambda' = C_\lambda \lambda'' \end{array}\right\} \tag{12-2-5}$$

把式(12-2-5)代入式(12-2-2),整理后得

$$-\frac{C_h C_l}{C_\lambda} h''\Delta t'' = -\lambda''\left(\frac{\partial t''}{\partial y''}\right)_w \tag{12-2-6}$$

比较式(12-2-3)和式(12-2-6),必然是

$$\frac{C_h C_l}{C_\lambda} = 1 \tag{12-2-7}$$

式(12-2-7)表达了两对流换热现象相似时,相似倍数间的制约关系。再将式(12-2-4)代入式(12-2-7),得

$$\frac{h'y'}{\lambda'} = \frac{h''y''}{\lambda''} \tag{12-2-8}$$

因为习惯上把系统的几何量用换热表面定型尺寸表示,而 $\frac{y'}{y''} = \frac{l'}{l''} = C_l$,所以上式改写为

$$\frac{h'l'}{\lambda'} = \frac{h''l''}{\lambda''}$$

即

$$Nu' = Nu'' \tag{12-2-9}$$

式(12-2-9)表明,a、b 两对流换热现象相似,必然 $\frac{hl}{\lambda}$ 数群保持相等。这就是努塞尔准则(Nu

数)相等。以上导出准则的方法,称为相似分析。

采用同样方法,从动量微分方程式可导出

$$\frac{u'l'}{v'} = \frac{u''l''}{v''} \qquad (12\text{-}2\text{-}10)$$

即

$$Re' = Re'' \qquad (12\text{-}2\text{-}11)$$

说明两现象流体运动相似,(Re)数相等,同理,从能量微分方程式还可以导出

$$\frac{u'l'}{a'} = \frac{u''l''}{a''}$$

式中,a 为导温系数。

即

$$Pe' = Pe'' \qquad (12\text{-}2\text{-}12)$$

说明两换热现象相似,贝克来准则(Pe)相等,而

$$Pe = \frac{v}{a} \cdot \frac{ul}{v} = Pr \cdot Re$$

式中,Pr 为普朗特数,$Pr = \dfrac{v}{a}$。

可见两换热现象相似,Pr 数必相等。

对于自然对流流动,由于温度差而引起的浮升力不可忽略,这时动量微分方程式应改写为

$$u\frac{\partial u}{\partial x} + v\frac{\partial u}{\partial y} = v\frac{\partial^2 u}{\partial y^2} + ga\Delta t$$

对此式进行相似分析,可以得出一个新的准则

$$Gr = \frac{ga\Delta t l^3}{v^2} \qquad (12\text{-}2\text{-}13)$$

式中,Gr 为格拉晓夫准则,a 为流体容积膨胀系数,1/K,g 为重力加速度,m/s²;l 为壁面定型尺寸,m;Δt 为流体与壁面温度差,K;v 为运动粘度,m/s²。

根据相似的这种性质,在实验中只需测量各准则所包含的量,从而避免了测量的盲目性。

以上导得的几个相似准则,反映了换热过程中各物理量间的内在联系,都具有一定的物理意义。

(1)雷诺准则 $Re = \dfrac{ul}{v}$。从动量微分方程的相似分析可知,它是由惯性力项和黏滞力的相似倍数之比得出的,反映流体强迫流动时惯性力和黏滞力的相对大小。Re 数大,表明流体所受到的惯性力相对较大,容易出现湍流;反之,则容易保持为层流。因此,可用 Re 数来标志流体流动时的状态。

(2)格拉晓夫准则 $Gr = \dfrac{ga\Delta t l^3}{v^2}$。它是从自然对流换热动量微分方程式中的浮升力项和黏滞力相似倍数之比导出的,表征浮升力与黏滞力的相对大小。Gr 数大,表明浮升力作用相对增大,自然对流增强。

（3）努塞尔准则 $Nu=\dfrac{hl}{\lambda}$。$q_x=-\lambda\left(\dfrac{\partial T}{\partial y}\right)_{w,x}$ 两边同乘以 l，略去脚码 x，并引用无量纲过余温度

$\Theta=\dfrac{T-T_w}{T_f-T_w}$，经整理后得

$$\frac{hl}{\lambda}=\frac{\partial\left(\dfrac{T-T_w}{T_f-T_w}\right)}{\partial(y/l)}=\left(\frac{\partial\Theta}{Y}\right)_w$$

式中，Y 为离开壁面的无因次距离，$Y=y/l$。

可见，Nu 准则表示壁面处流体的无量纲温度梯度，其大小反映对流换热的强弱。这里要注意，不要把 Nu 准则与毕渥准则 Bi 相混淆。在 Nu 准则的表达式中，λ 为流体的导热系数，而 Bi 准则中的 λ 则为固体的导热系数。此外，这两个准则中所包含的特性尺度 l 不相同。Nu 中的 l 是指与流体直接接触的固体表面的特性尺度，而 Bi 中的 l 则指导热固体的特性尺度。

（4）普朗特准则 $Pr=\dfrac{v}{a}$。完全由流体的有关物性参数所确定，故又称物性准则。它反映流体的速度分布与温度分布这两者的内在联系，表征流体动量扩散和热量扩散能力的相对大小。根据 Pr 的大小，流体可分为三类：高 Pr 数流体，如各种油类，粘度大而导温系数小，Pr 可达几十至几千；低 Pr 数流体，粘度小而导温系数大，如液态金属，Pr 为 $10^{-2}\sim10^{-3}$；普通 Pr 数流体，如空气和水，Pr 数为 $0.7\sim10$。

2.相似准则间的关系

将微分方程组所控制的各变量之间的关系式转化为独立准则间的相互关系式，将该关系式又称为准则关系式是相似原理所说明的。不同类型的换热，微分方程组不同，准则方程式的形式也不同。下面针对稳态无相变的对流换热现象列出各类常见的准则方程式。

对于强迫对流换热的层流区和过渡区，浮升力不能忽略，准则方程为

$$Nu=f_1(Re,Pr,Gr) \tag{12-2-14}$$

在紊流区，浮升力的影响可忽略，式（12-2-14）中可去掉准则 Gr，简化为

$$Nu=f_2(Re,Pr) \tag{12-2-15}$$

对于空气，Pr 准则可作为常数处理，于是式（12-2-14）可简化为

$$Nu=f_3(Re) \tag{12-2-16}$$

对于自然对流换热，流体运动的发生是由温度差引起的，相似准则不是独立准则，所以，自然对流换热的准则方程为

$$Nu=f_1(Re,Pr,Gr) \tag{12-2-17}$$

在做各类实验时，只需测量各准则中包含的量，并按上述方程式的内容整理实验数据。

3.判别相似的条件

凡同类现象，单值性条件相似，且同名已定准则相等，则现象一定相似是判别相似与否的基本条件。所谓单值性条件是指包含在准则中的各个已知的物理量，针对对流换热问题，以下是单值性条件如下。

（1）几何条件。换热面形状、尺寸、粗糙度，管子的进口形状等。

（2）物理条件。流体的种类和物性等。

（3）边界条件。流体的进、出口温度,壁面温度或壁面热流密度,壁面处速度有无滑移。

（4）时间条件。现象中各物理量随时间变化的情况,对于稳态过程,不需要时间条件。

根据以上相似条件,在安排模型实验时,为保证现象相似,必须使模型中的现象与原型现象的单值性条件相似,而且同名已定准则数值相等。这样,由模型实验得到的准则方程式可以推广应用到实验范围内的所有相似现象中去。

三、相似原理的应用

1.应用相似原理指导实验的安排及数据的整理

指导实验的安排和实验数据的整理是相似原理在传热学中的一个重要应用。按相似原理,对流传热的实验数据应当表示成相似准则数之间的函数关系,同时也应当以相似准则数作为安排实验的依据。以管内单相强迫对流为例,由面的分析可知,Nu 数与 Re 数、Pr 数有关,即 $Nu=f(Re,Pr)$。因此,应当以 Re 数、Pr 数作为试验中区别不同工况的变量,而以 Nu 数为因变量。这样,如果每个变量改变 10 次,则总共仅需 10^2 次试验,而不是以单个物理量作变量时 10^6 次。那么,为什么按相似准则数安排实验既能大幅度减少试验次数,又能得出具有一定通用性的实验结果呢? 这是因为,按相似准则数来安排实验时,个别试验所得出的结果已上升到了代表整个相似组的地位,从而使试验次数可以大为减少,而所得出的结果却有一定通用性（代表了该相似组）。例如,对空气（$Pr=0.7$）在管内的强迫对流传热进行实验测定得出这样一个结果:对于流速 $u=10.5\text{m/s}$、直径 $d=0.1\text{m}$、运动粘度 $v=16\times10^{-6}\text{m}^2/\text{s}$、平均表面传热系数 $h=36.9\text{W}/(\text{m}^2\cdot\text{K})$、流体的导热系数 $\lambda=0.0259\text{W}/(\text{m}\cdot\text{K})$ 的工况,计算得

$$Re=\frac{ud}{v}=\frac{10.5\times0.1}{1.6\times10^{-6}}=6.56\times10^4$$

$$Nu=\frac{hd}{\lambda}=142.5$$

因此,只要 $Pr=0.7$、$Re=6.56\times10^4$,圆管内湍流强迫对流传热的 Nu 数总等于 142.5。而 $Re=6.56\times10^4$ 一种工况可以由许多种不同的流速及直径的组合来达到,上述实验结果即代表了这样一个相似组。

相似原理虽然原则上阐明了实验结果应整理成准则间的关联式,但具体的函数形式及定性温度和特征长度的确定,则带有经验的性质。

在对流传热研究中,以已定准则的幂函数形式整理实验数据的使用方法取得很大的成功,如

$$Nu=CRe^n \tag{12-2-18}$$

$$Nu=CRe^nPr^m \tag{12-2-19}$$

式中,C、n、m 等常数由实验数据确定。

这种实用关联式的形式有一个突出的优点,即它在纵、横坐标都是对数的双对数坐标图上会得到一条直线,如图 12-2-3 所示。对式（12-2-19）取对数就得到以下直线方程的形式

$$\lg Nu=\lg C+n\lg Re \tag{12-2-20}$$

式中, n 的数值是双对数图上直线的斜率, 也是直线与横坐标夹角 φ 的正切; $\lg C$ 则是当 $\lg Re = 0$ 时直线在纵坐标轴上的截距。

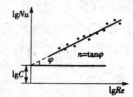

图 12-2-3　实验数据整理方法

在式(12-2-22)中需要确定 C、m、n 三个常数。在实验数据的整理上可分两步进行。例如, 对于管内湍流对流传热, 可利用薛伍德得到的同一 Re 数下不同种类流体的实验数据从图 12-2-4 上先确定 m 值。由式(12-2-20)得

$$\lg Nu = \lg C' + n\lg Re \tag{12-2-21}$$

指数 m 由图上直线的斜率确定, 即

$$m = \frac{\lg 200 - \lg 40}{\lg 62 - \lg 1.15} \approx 0.4$$

然后再以 $\lg(Nu/Pr^{0.4})$ 为纵坐标, 用不同 Re 数的管内湍流传热试验数据确定 C 和 n。于是对于管内湍流传热, 当流体被加热时式(12-2-20)可具体化为

$$Nu = 0.023Re^{0.8}Pr^{0.4} \tag{12-2-22}$$

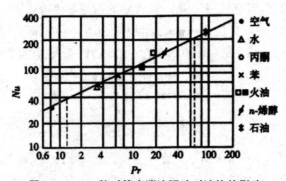

图 12-2-4　Pr 数对管内湍流强迫对流换热影响

通过大量时间点的关联式整理得出确定关系式中各常数值的最可靠方式是最小二乘法的采用。实验点与关联式的符合程度可用多种方式表示, 如用大部分实验点与关联式偏差的正负百分数, 例如90%的实验点偏差在±10%以内, 或者用全部实验点与关联式偏差绝对值的平均百分数及最大偏差的百分数来表示等。

式(12-2-19)、(12-2-20)是传热学文献中应用最广的一种实验数据整理形式。当实验的 Re 数范围相当宽时, 其指数 n 常随 Re 数范围的变动而变化, 这时可采用分段常数的处理方法。对于 Re 数实验范围很宽的情形, Church-ill 等提出了采用比较复杂的函数形式而将所有的实验结果。

2.应用相似原理指导模化实验

指导模化实验是相似原理的另外一个重要的应用。所谓模化实验, 是指用不同于实物几何尺度的缩小模型来研究实际装置中所进行的物理过程的实验。显然, 要使模型实验结果能

应用到实物中去,应使模型中的过程与实际装置中的相似。这就要求实际装置及模型中所进行的物理现象的单值条件相似,已定特征数(准则)相等。但要严格做到这一点常常很困难,甚至是不可能的。以对流传热为例,单值性条件相似包括了流体物性场的相似,即模型与实物的对应点上流体的物性分布相似。除非是没有热交换的等温过程,要做到这一点是很难的,因而工程上广泛采用近似模化的方法,即只要求对过程有决定性影响的条件满足相似原理的要求。

计算流体物性时所采用的温度为定性温度。在整理实验数据时按定性温度计算物性,则整个流场中的物性就认为是相应于定性温度下的值,即相当于把物性视为常数,于是物性场相似的条件即自动满足。定性温度的选择虽带有经验的性质,但对大多数对流传热问题(除流体物性发生剧烈变化的情形外),采用定性温度整理实验数据仍是一种行之有效的方法。

3.应用特征数方程的注意事项

准则方程的参数范围主要有 Re 数的范围、Pr 数的范围、几何参数的范围等几类,范围比较小,因此,准则方程不能任意推广到该方程的实验参数的范围以外。在使用特征数方程时应注意以下三个问题。

(1)特征长度应按该准则式规定的方式选取:前已指出,包括在相似准则数中的几何尺度称为特征长度,例如 Re 数、Nu 数、Bi 数及 Fo 数中均包含有特征长度。原则上,在整理实验数据时,应取所研究问题中具有代表性的尺度作为特征长度,例如管内流动时取管内径,外掠单管或管束时取管子外径等。在应用文献中已经有的特征数方程时,应该按该准则式规定的方式计算特征数。当遇到一些复杂的几何系统时,对不同准则方程采取不同的特征长度,使用过程中必须加以注意。

(2)特征速度应按该准则式规定方式计算:计算 Re 数时用到的流速称为特征速度,一般取截面平均流速,且不同的对流传热有不同的选取方式。例如流体外掠平板传热取来流速度,管内对流传热取截面平均流速等。

(3)定性温度应按该准则式规定的方式选取:若采用定性温度进行流体物性计算,即便是同一批实验,其准则方程也会因定性温度的不同而不同。整理实验数据时定性温度的选取除应考虑实验数据对拟合公式的偏离程度外,也应照顾到工程应用的方便。常用的选取方式有:通道内部流动取进、出口截面的平均值;外部流动取边界层外的流体温度或取这一温度与壁面温度的平均值。

第三节　对流换热工程计算

一、自然对流换热

由于流体内部冷、热不均,形式不均匀的密度场,产生大小不同的浮升力而引起的流体运动称为自由运动。在自由运动情况下的换热称为自然运动换热或自然对流换热。

流体自由运动完全取决于壁面与流体之间的换热强度。换热过程越强烈,流体的自由运动就越剧烈。由于换热过程中热交换量的大小不仅取决于换热表面积,而且也取决于换热表面与流体之间的温度差,所以,流体的自由运动要由换热表面积和温差来决定。温差影响流体的密度差和浮引力,而加热表面积的大小则影响过程区域范围。自然对流换热因流体所处的空间不同情况分为几种类型,本文只讨论最常见的两类。一类是无限空间自然对流换热,如室内散热器对空气的换热等,自然对流不受干扰。另一类是有限空间自然对流换热,如双层玻璃中的空气层的换热等。

(一)无限空间中的自然对流换热

当流体自由运动所处的空间很大,因而冷热流体的运动相互之间不发生干扰时,这种换热过程称为无限空间中的换热。我们首先研究在无限空间中空气沿热的竖壁作自由运动的情况。有一竖壁(图12-3-1),空气沿其表面作自由运动。空气层的厚度从下向上逐渐增加,在壁的下部,空气以层流的形式向上流动,而壁的上部,空气呈紊流运动。两者之间出现一过渡状态。至于哪一种状态为主,要由换热表面与空气之间的温差大小来决定。在温差比较小时,由于换热过程比较缓慢,层流运动占优势;在温差比较大时,换热过程比较剧烈,紊流运动占优势。沿竖壁的换热情况也不相同。在竖壁的下部,由于层流底层的厚度自下而上逐渐增加,局部表面传热系数将沿壁的高度逐渐减小。在层流到紊流的过渡区中,由于边界层中紊流成分不断加强,表面传热系数逐渐增大。在紊流区中,表面传热系数保持为定值,而与竖壁高度无关。

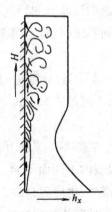

图 12-3-1 空气沿竖壁作自由运动

在自然对流换热的计算中,通常采用准则关联式的形式,即

$$Nu = f(Gr, Pr)$$

经实验研究得出这一准则关联式的具体形式为

$$Nu = C(GrPr)^n \qquad (12\text{-}3\text{-}1)$$

式中 C、n——常数,其值可根据 $Gr \cdot Pr$ 的数值范围由表 12-3-1 选取,各式的定性温度均为边界层平均温度,$t_m = (t_w + t_f)/2$。

表 12-3-1 公式(12-3-1)中的常数

表面形状与位置		定型尺寸	$GrPr$ 范围	流态	C	n
竖平板及竖圆柱	高度		$10^4 \sim 10^9$	层流	0.59	0.25
			$10^9 \sim 10^{12}$	紊流	0.12	0.333

续表

表面形状与位置	定型尺寸	$GrPr$ 范围	流态	C	n
横圆柱	外径	$10^3 \sim 10^9$	层流	0.53	0.25
		$10^9 \sim 10^{12}$	紊流	0.13	0.333
水平板热面向上	正方形取边长；长方形两边平均；狭长条取短边；圆盘取 $0.9d$	$10^5 \sim 2 \times 10^7$	层流	0.54	0.25
		$2 \times 10^7 \sim 3 \times 10^{10}$	紊流	0.14	0.333
水平板热面向下	同上	$3 \times 10^5 \sim 3 \times 10^{10}$	层流	0.27	0.25

(二)有限空间中的换热

如果流体作自然对流所在的空间较小,冷热流体下沉或上浮运动受到空间因素的影响,此时的自然对流称为有限空间自然对流。在有限空间里,冷、热表面距离较近,因此流体的冷却和受热现象也就靠得很近,甚至很难把它们划分开来,所以常把全部过程作为一个整体来研究。由于空间的局限性,使得冷热气流的上下运动互相干扰。此时,换热不仅仅与流体的物理性质和过程的强烈程度有关,而且还要受到换热空间的形状和大小的影响,情况较为复杂。本文将只讲述常见的扁平矩形封闭夹层自然对流换热。按它的几何位置可分为垂直、水平及倾斜三种,如图 12-3-2 所示。

垂直封闭夹层的自然对流换热问题可分为三种情况:①在夹层内冷热两股流动边界层相互结合,形成环流,如图 12-3-2a 所示,整个夹层内可能有若干个这样的环流;②夹层厚度 δ 与高度 H 之比较大,冷热两壁的自然对流边界层不会互相干扰,不出现环流;③两壁的温差与夹层厚度都很小,以致可认为夹层内没有流动发生,通过夹层的热流量可以按纯导热过程计算。

对于水平夹层可有两种情况:①热面在上,冷热面之间无流动发生,如无外界扰动,则应按导热问题分析;②热面在下,对气体 $Gr < 1700$,可以按纯导热过程计算。$Gr > 1700$ 夹层内的流动将出现图 12-3-2b 的情形,形成有秩序的蜂窝状分布的环流,当 $Gr > 5000$ 后,蜂窝状流动消失,出现紊乱流动。

至于倾斜夹层,它与水平夹层相类似,当 $GrPr > 1700/\cos\theta$,将发生蜂窝状流动。

有限空间自然对流换热的计算,多采用准则关联式形式,见表 12-3-2,定性温度为 $t_m = (t_{w1} + t_{w2})/2$,定型尺寸为夹层厚度 δ。

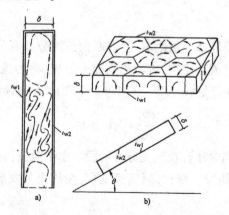

图 12-3-2　有限空间自然对流换热

表 12-3-2　有限空间自然对流换热准则关联式

夹层位置	Nu 准则关联式	适用范围
垂直夹层(气体)	$Nu = 0.197(GrPr)^{1/4}\left(\dfrac{\delta}{h}\right)^{1/9}$	$6000 < GrPr < 2 \times 10^5$
	$Nu = 0.073(GrPr)^{1/3}\left(\dfrac{\delta}{h}\right)^{1/9}$	$2 \times 10^5 < GrPr < 1.1 \times 10^7$
水平夹层(热面在下)(气体)	$Nu = 0.059(GrPr)^{0.4}$	$1700 < GrPr < 7000$
	$Nu = 0.212(GrPr)^{1/4}$	$7000 < GrPr < 3.2 \times 10^5$
	$Nu = 0.061(GrPr)^{1/3}$	$GrPr > 3.2 \times 10^5$
倾斜夹层(热面在下,与水平夹角为 θ)(气体)	$Nu = 1 + 1.446\left(1 - \dfrac{1708}{GrPr\cos\theta}\right)$	$1708 < GrPr\cos\theta < 5900$
	$Nu = 0.229(GrPr\cos\theta)^{0.252}$	$5900 < GrPr\cos\theta < 9.23 \times 10^4$
	$Nu = 0.157(GrPr\cos\theta)^{0.285}$	$9.23 \times 10^4 < GrPr\cos\theta < 10^6$

二、管内受迫流动换热

流体在管内受迫流动时的换热在工程上应用极为广泛,例如锅炉过热器或省煤器,燃气热水器的换热,热水管道的换热,冷凝器换热等均属于这种换热过程。

(一)流体在管内流动的特征

1.层流和紊流

前面已经讲过,流体在管内流动时可分为层流和紊流两种状态。流体运动速度较小时,呈现出层流状态;运动速度较大时,呈现出紊流状态。两者分界的速度称为临界速度。流体在管内流动时,从层流状态到紊流状态的转变完全取决于雷诺准则的数值。各种不同的流体在不同直径的管内流动时,只要雷诺准则数值相同,运动情况就相同。层流与紊流分界的雷诺准则数值称为临界雷诺准则或临界雷诺数。实验表明,流体在管内流动时的临界雷诺数为 2320。$Re < 2320$ 时,为层流;$Re > 2320$ 时,出现了由层流状态到紊流状态的转变过程,当 $Re > 10^4$ 时,达到了旺盛的紊流状态。雷诺数 Re 介于 2320 与 10^4 之间时,为层流向紊流转变的过渡阶段,称为过渡状态。

2.进口段和充分发展段

流体从进入管口开始,需经历一段距离,管内断面流速分布和流动状态才能达到定型,这一段距离称为进口段。之后,流态定型,流动达到充分发展,称为流动充分发展段。在流动充分发展段,流体的径向 r 速度分量 v_r 为零,且轴向 x 速度 v_x 不随管长改变,即

$$\frac{\partial v_x}{\partial x} = 0; \quad v_r = 0$$

在有热交换的情况下,同时还存在热充分发展段。由于换热,管断面的流体平均温度 t_f 将不断发生变化,壁温 t_w 也可能发生变化,但实验发现,在热充分发展段,一个综合的无量纲温度 $\dfrac{t_w - t}{t_w - t_f}$ 随管长保持不变,即

$$\frac{\partial}{\partial x}\left(\frac{t_w - t}{t_w - t_f}\right) = 0$$

在管道入口处,边界层较薄,所以温度梯度也较大;离入口处较远,边界层较厚,温度梯度也较小,对应于这种变化,在管道入口处的局部换热系统最大,以后沿管道长度逐渐变小,最后趋于某一极限值,然后保持不变。图 12-3-3 表明了管内局部表面传热系数 h_x 与平均表面传热系数 h 随管长 x 的变化情况。由图中可以看出,在进口处,边界层最薄,h_x 具有最高值,随后逐渐降低。在层流情况下,h_x 趋于不变值的距离较长。

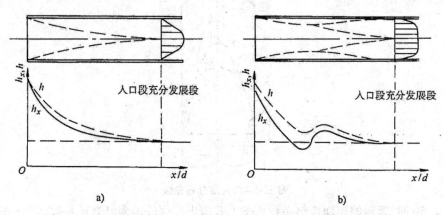

图 12-3-3　管内流动局部表面传热系数 h_x 及平均表面传热系数 h 的变化
a)层流;b)紊流

3.温度场对速度分布的影响

当流体在管内流动过程中被热的管壁加热或被冷的管壁冷却时,流动为非等温过程。这时,流体的温度不仅沿管道长度发生变化,而且沿截面也要改变。因而流体的物性也随之而变。对于液体来说,主要是黏性随温度而变化;对于气体,除黏性外,密度和热导率也随温度不同而改变。图 12-3-4 所示为流体在管内作层流流动时被加热和被冷却时的速度分布曲线。曲线 1 为等温流动时的速度分布曲线。当液体被冷却时,管壁处的温度低于管中心,这时壁面附近的液体黏度高于管中心的液体黏度,与曲线 1 相比,管壁附近的流速减小,管中心处的速度增大,速度分布见曲线 2。当液体被加热时,管壁处的温度高于中心,此时壁面附近的液体黏度降低,流速增大;而管中心液体的黏度增大,流速减小。曲线 3 表示了液体被加热时的速度分布情况。对于气体,由于其黏度随温度的升高而增大,所以换热对其速度分布的影响与液体的情况相反。

(二)流体在层流时的换热

流体在管内作层流运动时,由于各部分之间换热靠导热方式,因此换热过程比较缓慢。在这种情况下,自然对流的产生会造成流体的扰动,因而显著增强了换热,这就使得在层流时,自然对流的作用不能忽略。考虑到上述影响,流体 $a = \frac{\lambda}{\rho c}$ 在层流时换热的准则方程式具有下列形式:

$$Nu = CRe^n Pr^m Gr^P \tag{12-3-2}$$

计算时可采用下列实验公式：

$$Nu = 0.15Re^{0.33}Pr^{0.43}Gr^{0.1}\left(\frac{Pr_f}{Pr_w}\right)^{0.25}$$ （12-3-3）

利用上式可求出 $l/d<50$（l 为管长，d 为管径），且 $GrPr \geq 8\times10^5$ 时管道全程长度的平均表面传热系数。这个公式适用于液态金属以外的任何流体，并且也考虑了热流方向和自然对流的影响。

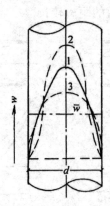

图 12-3-4　速度分布曲线

当 $l/d<50$ 时，管道的表面传热系数可按上式求出 h 值后再乘以修正系数 ε_l。ε_l 值可由表 12-3-3 查得。

表 12-3-3　层流时的 ε_l 值

l/d	1	2	5	10	15	20	30	40	50
ε_l	1.90	1.70	1.44	1.28	1.18	1.13	1.05	1.02	1

当 $GrPr \leq 8\times10^5$ 时，层流换热还可用下式计算：

$$Nu = 1.86Re^{1/3}Pr^{1/3}(d/l)^{1/3}(\mu_f/\mu_w)^{0.14}$$ （12-3-4）

式中　　d——管子直径，单位为 m；

　　　　l——管子长度，单位为 m。

上式不能用于很长的管子，当管长太长时，d/l 将趋近于零。

由于层流时放热系数的数值小，所以绝大多数的换热设备都不是按层流设计，只有在少数应用黏性很大的流体的设备中才能见到层流运动。

（三）流体在过渡状态时的换热

在管内流动的流体，当其雷诺数 Re 在 2320~10000 之间时，是从层流到紊流的过渡状态。在这种状态下，流体的流动既不是层流，也不完全符合紊流的特征。由于流动中出现了旋涡，过渡状态的表面传热系数，将随雷诺数 Re 的增大而增加。在温差大时，还有自然对流带来的复杂影响。在整个过渡状态中换热规律是多变的。在选用计算公式时必须注意适用条件。下面介绍一种常用的计算式。

当 $Pr_f = 0.6~1.5$，$T_f/T_w = 0.5~1.5$，$Re_1 = 2320~10000$ 时，对于气体：

$$Nu = 0.0214(Re_1^{0.8}-100)Pr^{0.4}[1+(d/L)^{2/3}](T_f/T_w)^{0.45}$$ （12-3-5）

式中 L 为管长。

当 $Pr = 1.5 \sim 500, Pr_f/Pr_w = 0.05 \sim 20, Re = 2320 \sim 10000$ 时,对于液体:

$$Nu = 0.012(Re^{0.87} - 280) Pr^{0.4} \left[1 + (d/L)^{2/3}\right] (Pr_f/Pr_w)^{0.11} \tag{12-3-6}$$

上两式是根据实验数据整理而得,对于 90% 的实验点偏差不超过 $\pm 20\%$。

(四)流体在紊流时的换热

紊流换热在工业设备中是最常见的,与层流相比,紊流时的热量和动量传递都大大增强,但问题也更为复杂。在紊流状态下,流体各部分之间的热量传递,主要是依靠流体本身各部分之间的扰动混合。当 $Re > 10000$,流体达到旺盛的紊流状态时,这种扰动混合过程非常剧烈,使得紊流核心截面上的流体温度几乎一致。只有在层流边界层中才出现温度的显著变化。这种温度分布不会引起自然对流,所以流体的运动完全取决于受迫运动。

在不考虑自由运动时,受迫运动的准则方程式应具有下列形式:

$$Nu = f(RePr)$$

考虑到定性温度的选择和消除热流方向的影响,上式应变为

$$Nu = \left[f(Re_f Pr_f)\right](Pr_f/Pr_w)^{0.25}$$

根据实验数据,按照上式综合的结果,可得到下列准则方程式:

$$Nu = 0.021 Re_f^{0.8} Pr_f^{0.43} (Pr_f/Pr_w)^{0.25} \tag{12-3-7}$$

上式以流体的平均温度 t_1 作为定性温度,以管子的直径 d 或流道的当量直径 d_e 作为定型尺寸。上式适用于 $Re = 1 \times 10^4 \sim 5 \times 10^5, Re = 0.6 \sim 2500$ 的一切液体和弹性流体,也适合于任何截面形状(如图形、矩形、三角形)的流道。

三、管外强制对流换热的特点和计算

换热壁面上的流动边界层与热边界层能自由发展,不会受到邻近壁面的限制是外部流动的特点。外部流动包括绕平壁的对流换热和绕曲面的对流换热本文主要介绍绕曲面的对流换热,包括流体横掠单管和横掠管束的对流换热,此种换热方式在实际工程中非常常见,如锅炉烟气横掠过热器和省煤器管束;空气横掠管式空气预热器管束等。

1.流体横掠单圆管的强制对流换热

(1)流体横掠单管的流动与换热特征

①边界层的分离现象及原因。流体横掠圆管与横掠平壁流动的明显区别是,横掠圆管时会发生如图 12-3-5(a)所示的边界层分离,并在圆管后侧形成旋涡区的现象。由普朗特边界层理论,黏性流体横掠单圆管时,流场可分为边界层区和外部势流区。对于外部势流区,流体可视为理想流体,由伯努利方程可知,当流体从 O 点至 M 点时,流道面积缩小,速度增大,压强减小,此区段称为顺压强梯度区;而从 M 点至 F 点时,流道面积增加,速度减小,压强增大,此区段称为逆压强梯度区。

根据边界层的特点可知,边界层内同一壁面法线方向的压强与边界层外边界上的压强相同,因此在从 O 点流至 M 点的边界层内流段,压强逐渐减小,压强能转化为流体的动能,因而尽管存在阻止流体流动的黏性力,壁面附近的流体质点仍能向前流动。而从 M 点流至 F 点的

边界层内流段,压强逐渐升高,在逆向压强力和黏性力的共同作用下,管壁面附近的流体质点速度逐渐减小。到达 S 点时,惯性力不能克服两者的阻力作用而使流体停止流动。此时下游的流体在逆向压强力的作用下倒流过来,又在来流的冲击下顺流回去,从而形成明显的漩涡,即发生边界层的分离,如图 12-3-5(b)所示。开始出现分离运动的 S 点称为边界层的分离点。边界层发生分离后,在主流的带动下,旋涡在管后交替脱落,形成涡街。

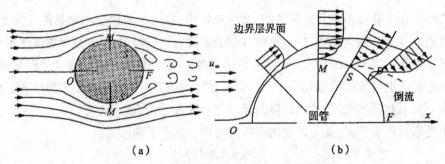

图 12-3-5　流体横掠单管边界层分离现象

②换热特征。边界层的成长和分离特性决定了流体横掠圆管时的换热特征。图 12-3-6 给出的是恒热流密度条件下,流体横掠单管时,不同 Re 对应的局部换热努塞尔数 Nu_φ 沿圆管周向的变化曲线。

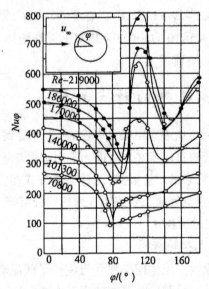

图 12-3-6　流体横掠单管的局部奴赛尔数 Nu_φ 的变化曲线

可以看出在小 Re 下,边界层处于层流状态,从 $\varphi=0$ 处开始,随着边界层逐渐增厚,沿周向 $\varphi=0$ 先是逐渐减小,而后由于边界层的分离出现涡旋,强化了换热,Nu_φ 值增加。在大 Re 下,同样从 $\varphi=0°$ 处开始,沿周向 Nu_φ 也先是逐渐减小,而后 Nu_φ 值有两次增加,第一次增加的原因是由于层流边界层向湍流边界层的转变,第二次增加则是由于湍流边界层发生分离。从图 12-3-6 中还可以看出,随着 Re 的增加,圆管后 $\varphi=180°$ 处的 Nu_φ 值逐渐大于迎流面 $\varphi=0°$ 处的 Nu_φ 值,这是由于圆管后脱离的旋涡会冲刷柱体后表面,而冲刷的强度随着 Re 的增加而增加。

流体横掠圆管时沿周向局部换热系数 $Nu\varphi$ 的研究有重要的工程实际意义,如研究受到烟气横向冲刷的锅炉过热器管束时,第一排管子处的 $\varphi = 0°$ 既要接受锅炉烟气的强烈辐射换热,又要受到烟气的对流换热,导致此处壁温很高甚至会超温,影响换热器的安全运行,设计锅炉过热器时,应对该处的壁温进行校核。而第一排管子换热的计算可以采用流体横掠单管换热计算式。

(2)流体横掠单圆管对流换热计算

工程实际中往往关注换热设备总体的换热性能,流体横掠单管时,虽然 $Nu\varphi$ 变化比较复杂,但从其平均值看,渐变规律性很明显,即如越大,总体换热性能越好。流体横掠单管的壁面平均努塞尔数 Nu_m 计算式可采用式(12-3-9)的关联式。

$$Nu_m = CRe^n Pr^{1/3} \tag{12-3-8}$$

适用范围:来流温度 $T_\infty = 15.5℃ \sim 982℃$,管壁温度 $T_w = 21℃ \sim 1046℃$。定性温度取为 $(T_\infty + T_w)/2$,特征长度为管外径 d,特征速度为来流速度 u_∞。参数 C 和 n 的取值见表12-3-4。

表 12-3-4　式(12-3-9)中的参数 C 和 n 的取值

Re	C	n
0.4~4	0.989	0.33
4~40	0.911	0.385
40~4000	0.683	0.466
4000~40000	0.193	0.618
40000~400000	0.0266	0.805

当流体以一定的角度斜掠圆管时,此时相当于流体横掠椭圆形管道,管前受到来流的冲击作用减弱,管后的涡旋区缩小,因而总体平均对流换热系数变小,应采用修正系数 C_φ 对其进行修正,C_p 的取值见表12-3-5。当 φ 在 $0 \sim 15°$ 之间时,只要管子外径远大于边界层的厚度,计算关联式可近似用流体纵掠平壁的换热关联式计算,此时特征长度取为管长 l。

表 12-3-5　换热管倾斜角度的修正系数

$\varphi/°$	15	30	45	60	70	80	90
C_φ	0.41	0.70	0.83	0.94	0.97	0.99	1.00

2.流体横掠管束的强制对流换热

(1)流体在管束间的流动与换热特征:在管壳式换热器、锅炉过热器、再热器、暖风器等专用设备中经常见到流体横掠管束的强制对流换热。管束的排列方式主要有两种:顺排或叉排,如图12-3-7所示。图中 s_1 和 s_2 为横向和纵向管子间距。

流体横掠顺排管束和叉排管束的流动与换热特征是不同的。从图12-3-8中可以看出,流体横掠管束的第一排管子时,无论是顺排还是叉排管束,流动、换热特征与流体横掠单管的情形相似。而第一排以后的管子均处于前,一排管子的回流区中,流动与换热特征明显区别于第一排管子。但经过几排管子以后扰动基本稳定(实验结果表明一般10排以上),流动与换热进入周期性充分发展阶段。

一般叉排管束的换热能力高于顺排管束,主要是由于流体在叉排管束间交替收缩和扩张的弯曲通道中受到的扰动要比在顺排管间近似走廊通道中的扰动剧烈。但叉排管束的流动阻力大于顺排管束,然而顺排管束易于清洗,因此设计换热器管束时要综合考虑两者的优缺点,全面权衡。

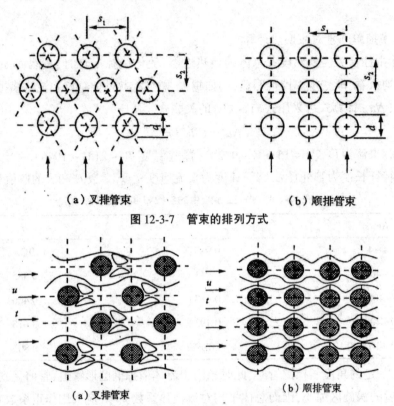

（a）叉排管束 　　　（b）顺排管束

图 12-3-7　管束的排列方式

（a）叉排管束 　　　（b）顺排管束

图 12-3-8　流体横掠管束的流动

（2）流体横掠管束对流换热的计算

影响管束对流换热系数的因素包括,管外径 d,管间距 s_1、s_2,管排数以及管子的排列方式等。茹卡乌斯卡斯总结出 Pr 在 $0.6 \sim 500$ 范围内,流体横掠管束对流换热平均努塞尔数 Nu 的计算公式（12-3-9）。

$$Nu = C_1 Re^n Pr^m \left(\frac{s_1}{s_2}\right)^p \left(\frac{Pr}{Pr_m}\right)^{0.25} \varepsilon_z \qquad (12\text{-}3\text{-}9)$$

式中,ε_z 为管排数目的修正系数,当管排数大于 16 时,$\varepsilon_z = 1$;定性温度取为进出口流体平均温度;Pr_m 按管束的平均壁温确定;特征速度取管束中最小截面的平均流速;特征长度为管子外径 d,参数 $C1,n,m$ 和 ρ 的取值见表 12-3-6 和表 12-3-7,管排修正系数 ε_z。

表 12-3-6　顺排管束 Nu 的计算关联式（排数大于等于 16）

C_1	n	m	p	适用范围
0.9	0.4	0.36	0	$1 \sim 10^2$
0.52	0.5	0.36	0	$10^1 \sim 10^3$

C_1	n	m	p	适用范围
0.27	0.63	0.36	0	$10^3 \sim 2 \times 10^5$
0.33	0.8	0.36	0	$2 \times 10^9 \sim 2 \times 10^6$

表 12-3-7　叉排灌束 Nu 的计算关联（排数大于等于 16）

C_1	n	m	p	适用范围
1.04	0.4	0.36	0	$1 \sim 5 \times 10^2$
0.71	0.5	0.36	0	$5 \times 10^2 \sim 10^3$
0.35	0.6	0.36	0.2	$10^3 \sim 2 \times 10^5, s_1/s_2 \leqslant 2$
0.4	0.36	0.36	0.6	$10^3 \sim 2 \times 10^5, s_1/s_2 \leqslant 2$
0.031	0.8	0.36	0.2	$2 \times 10^5 \sim 2 \times 10^6$

四、对流热的强化

强化对流换热的途径可以根据过增元提出的场协同理论分为两个方面：①提高流体速度场和温度场的均匀性；②改变速度矢量和热流矢量的夹角，使两个矢量的方向尽量一致。按照Bergles 的分类方法，对流换热的强化技术可分为无功强化换热技术和有功强化换热技术两类。无功强化换热技术无需应用外部能量，常见的方法有：粗糙表面法、扩展表面法、插入扰流装置、射流作用以及在流体中加入添加剂法等。有功强化换热技术需要应用外部能量来达到强化换热的目的，常见的方法有机械搅动、振动、场力强化以及喷射冲击等。另外复合强化换热是将有功强化换热和无功强化换热综合利用的强化换热技术，这样可以使传热的效果达到最佳。

1.无功强化对流换热

（1）扩展对流换热表面：扩展表面法常用来强化换热设备中换热系数较小侧的换热，研究表明，当换热面一侧为气体，另一侧为液体时，气侧换热系数比液体侧小得多（一般小 10～50倍），而总传热系数 K 值的变化主要取决于较小换热系数的变化，在气侧采用扩展换热面的强化方法后可明显提高总传热系数。如图 12-3-9 所示是管内扩展表面的多种形式：管内和管外翅片、叉列短肋管。采用扩展表面一方面增加了换热面积；另一方面增强流体的扰动，减薄了边界层的厚度，从而强化了换热。

（2）粗糙表面法：强化管外或换热器壳侧流体的换热是粗糙表面法的主要作用，从随机的沙粒型粗糙表面到带有离散的凸起物或粗糙元的粗糙表面的粗糙表面的形式，其强化换热机理主要是通过促进近壁面区域流体的湍流强度和减小边界层厚度来减小热阻，强化换热。基于粗糙表面技术开发出的多种异形强化换热管在工业生产中应用广泛，如螺旋槽管、横纹槽管、波纹管以及缩放管等。

（3）插入扰流装置：加强管内流体混合的一种重要形式是在管内放置不同型式的插入物，

换热系数的提高是通过促进管内流体速度和温度分布的均匀性来实现的。管内安装插入物的强化换热技术有显著的特点:不改变传热面形状,特别适合现有设备改造,不需要更换原有设备。常见的插入物型式有:螺旋线圈、螺旋带、螺旋片、纽带、静态元件和径向混合器。

（a）螺旋翅片　　　　（b）椭圆形翅片　　　　（c）三角形翅片

图 12-3-9　扩展表面形式

(4)流体射流强化:射流强化换热是指流体通过圆形或狭缝形喷嘴直接喷射到固体表面进行冷却或加热的方法,由于流体直接冲击固体壁面,流程短而边界层薄,强化了换热。图12-3-10 给出了单束和多束射流的示意图,射流流动区域可分为三个区,即自由射流区、贴壁射流区和滞止区。对于多束射流,还存在一个射流交互区和非射流交互区。

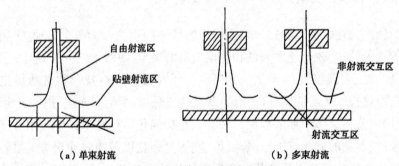

（a）单束射流　　　　　　　　（b）多束射流

图 12-3-10　射流流动区域示意图

各种整圆形折流板换热器是基于射流强化换热原理开发的,其具体结构是在换热器整圆形折流板上开设各种形状的射流孔,依靠射流作用强化换热器壳侧流体换热,常见折流板开孔形式如图 12-3-11 所示。

（a）大竹孔　　（b）小圆孔　　（c）矩形孔　　（d）梅花孔　　（e）网状孔

图 12-3-11　换热器整圆型折流开孔结构形式

(5)流体中加入添加剂:自从发现"Toms效应"并被证明在液体湍流中添加少量的添加剂会影响流体传热后,高分子聚合物和某些表面活性剂经常被用作纳米流体添加剂来使用。根据国内外的研究表明,表面活性剂的加入使湍流流动阻力减小的同时对流换热系数也大幅度增加,这是由于表面活性剂溶液具有剪切可逆性及温变可逆性,利用该性质可对湍流的对流换热进行控制。另外在流动液体中加入气体或固体颗粒、在气体中喷入液体或加入固体颗粒,都可起到强化单相流体换热的作用,如在水流中加入氮气,可使传热系数增大 50%;在油中加入聚苯乙烯小球可使换热系数增大 40% 左右;在气体中加入少量轻固体颗粒时,固体颗粒随气体一起流动,可减薄换热边界层的厚度强化气体侧的换热。

2.有功强化换热

(1)机械搅动:在对流换热主动强化和高粘度流体中各种型式的搅拌器应用较为广泛。通过搅拌促进流体更好地混合达到强化对流换热的目的,常用的搅拌器有螺旋式、叶片式和锚式,后者主要用于强化高黏度流体的换热。

(2)振动:研究表明,不管是换热面振动还是流体振动,对单相流体的自然对流和强制对流换热都有强化作用,振动可以增大流体间的扰动,干扰边界层的形成和发展,从而减小换热热阻,达到强化换热的目的。研究结果表明:换热面在流体中振动时,自然对流换热系数可以提高 30%~2000%,强制对流换热系数可以增加 20%~400%。但需要注意的是采用振动方法强化换热时,激发振动所需要的外界能量可能会得不偿失。

3.沸腾换热的强化

沸腾换热是各种换热现象中影响因素最多、最复杂的换热过程。沸腾换热的强化主要从增多汽化核心和提高气泡脱离频率两方面着手,采用粗糙表面、对表面进行特殊处理、采用扩展表面、应用添加剂是大容积沸腾换热常用的强化方法。图 12-3-12 给出了各种沸腾强化换热管表面结构示意图。

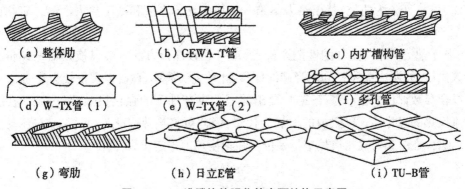

（a）整体肋　　（b）GEWA-T管　　（c）内扩槽构管

（d）W-TX管（1）　　（e）W-TX管（2）　　（f）多孔管

（g）弯肋　　（h）日立E管　　（i）TU-B管

图 12-3-12　沸腾换热强化管表面结构示意图

4.凝结换热的强化

一般而言凝结换热系数很高,但对有机蒸汽和氟利昂蒸气,其凝聚系数要比水蒸气的小得多,强化其凝结换热是很有必要的。

(1)管外凝结换热的强化:冷却表面的粗糙化、冷却表面的特殊处理和采用扩展表面常用的管外凝结换热的强化方法。

工业上常采用低肋管强化水平管外的膜状凝结换热,常见肋管形式如图 12-3-13 所示。采用肋管不但增加了换热面积,而且肋间根部凝结液体的表面张力作用可使肋片上形成的凝结液膜变薄,凝结换热系数可提高 75%~100%。

对于垂直管外的凝结换热,采用纵槽管的强化效果十分显著,各种形式的纵槽如图 12-3-14 所示。

（a）锯齿形肋管　　　（b）整体式低肋管

图 12-3-13　低肋管

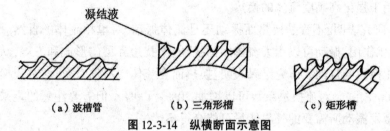

（a）波槽管　　　　（b）三角形槽　　　　（c）矩形槽

图 12-3-14　纵横断面示意图

（2）管内凝结换热的强化：对于水平管内凝结换热的强化主要是采用内肋管和使管内流体旋转。

5.对流强化换热的评价方法

提高热流量；降低进出口温差；降低换热面积；降低泵功率是研究强化换热的四个方面的目的。如何评价强化传热技术的性能，不同的强化目标有不同的评价方法，目前文献中已有数十种方法，可将其分为两类：基于热力学第一定律的评价方法和基于热力学第二定律的评价方法。

（1）基于热力学第一定律的性能评价：①单一参数评价方法。最早换热器的评价都采用单一参数比较，如换热系数 K 和压降卸的比较，此种方法简单直观，但评价较为片面。

②综合参数评价方法。基于 Web 提出的等约束条件下的强化换热评价方法应用广泛。由于对流换热的强化往往以阻力的增加为代价，因此可将换热强化比 Nu/Nu_0 与流动阻力系数比 f/f_0 综合在一起对强化换热进行评价。强化换热因子定义为：

$$j = \frac{Nu/Nu_0}{f/f_0} \qquad (12\text{-}3\text{-}10)$$

$j>1$ 表明强化传热具有意义，但是大多数强化换热技术都满足这一要求，为了满足工程应用的要求，根据多数情况下压降和速度的平方成正比的特点，可得出以式（12-3-11）为基准的评价标准：

$$j' = \frac{Nu/Nu_0}{(f/f_0)^{\frac{1}{2}}} \qquad (12\text{-}3\text{-}11)$$

$j'>1$ 表示在相同压降下，强化表面相对于基准表面能传递更多的热量。然而由于某些强化换热技术虽然无法满足相同压降下的换热强化，但在相同功耗下换热也能得到强化，因此又给出了式（12-3-12）的评价标准：

$$j'' = \frac{Nu/Nu_0}{(f/f_0)^{\frac{1}{3}}} > 1 \qquad (12\text{-}3\text{-}12)$$

$j''>1$ 表示相同泵功下,强化表面能够传递更多的热量。以上三种方法根据各自的特点应用于不同的场合。

(2)基于热力学第二定律的性能评价:基于热力学第一定律的强化换热性能评价方法仅考虑了热量传递的数量,而没有考虑热量传递过程中质量的变化。而基于热力学第二定律的强化换热评价方法则综合考虑热量传递的数量、质量和流阻三个方面。

①熵产分析评价方法。熵产评价换热器强化换热性能的指标为强化熵产数 N_s,其定义为:在换热量相同的条件下,强化表面的熵产 S'_{gen} 与未强化表面的熵产 S_{gen} 之比,即

$$N_s = \frac{S'_{gen}}{S_{gen}} \tag{12-3-13}$$

强化熵产数 N_s 是传热温差和阻力的函数,从热力学的观点看,$N_s<1$,说明强化了换热的同时,也减少了换热过程的不可逆损失。

②㶲分析评价方法。采用㶲分析方法与熵产分析法类似,也是从能量的质量角度考虑,不同的是,熵产分析是从能量的消耗角度分析,而㶲分析法是从能量被利用的角度来分析。通常采用㶲效率 η_e 作为评价指标,其定义为:

$$\eta_e = \frac{E''_2 - E'_2}{E'_1 - E''_1} \tag{12-3-14}$$

式中,E'_1、E''_1 分别为热流体流入、流出的总㶲,kJ/kg;E'_2、E''_2 分别为冷流体流入、流出的总㶲,kJ/kg。

第十三章 传热应用

传热技术广泛应用于科学技术和工程领域中。本文包括新型空冷传热技术、高温燃气与涡轮叶片的换热、航空发动机热端部件典型强化冷却方式、强化传热技术在锅炉设备中的应用等专题。

第一节 新型空冷传热技术

汽车散热器、空调机和冰箱制冷介质冷却器都是用空气来冷却。管内水或制冷介质的对流传热系数都比管外空气对流传热系数大得多,其总传热过程的主要热阻在空气侧。汽车散热器空气侧热阻常占总热阻的80%,甚至更多。要强化这些传热过程主要是设法降低空气侧的热阻,最有效且最经济的方法是在空气侧加肋片。人们从简单的直肋和环肋开始,并一直致力于研制新型肋片或鳍片构成的新型空冷强化传热元件。目前,常用的有以下几种(图13-1-1)。

图13-1-1(a)为圆管板肋型元件,肋片与圆管相连并互连成一完整的板肋。为提高表面对流传热系数,板肋冲成百叶窗。图13-1-1(b)为扁平管板肋型元件,肋片与扁平管相连并互连成一完整的板肋,可提高管内对流传热系数。图13-1-1(c)为扁平管带型元件,管带便于大量生产,肋间距易于调整,强化传热效果比管板型有较大的提高,是目前汽车中广泛采用的形式。图13-1-1(d)为扁平管百叶窗型元件,情况与扁平管带型元件相差不多,但扁平管中加隔板进一步强化管内对流传热并增加了管的抗压强度。

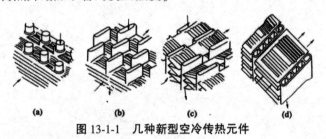

(a)   (b)   (c)   (d)

图13-1-1　几种新型空冷传热元件

这些新型传热元件的特点可以概括为以下几点。

(1)在空气侧用肋片来减小空气侧热阻而强化传热。

(2)管道制成扁平管减小了管内当量直径,强化了管内对流传热。

(3)肋片冲成百叶窗,使空气冲刷肋片的长度减小,边界层厚度变薄,肋片表面平均对流传热系数增加。

在空气调节器中,空气与换热面之间的热量交换有90%是在肋片上进行的,管子外表面主要将肋片传来的热量通过传导传给制冷剂。因此,要强化空气调节器中的传热,主要应改进肋片的形状及结构尺寸。例如，可以通过改变肋片节距、采用短肋以减小空气边界层的平均厚度、采用部分肋片弯折以扰动空气流等方法来强化传热。

如图 13-1-2 所示为一种汽车空调设备中凝结器的结构，制冷剂由管式集箱分配到各个插有波形肋片的平板形通道。每一层制冷剂通道对应一层由波形肋片构成的空气通道。由于采用了扩展受热面强化传热技术，有效地缩小了凝结器的外形尺寸。

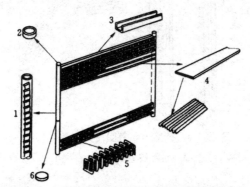

图 13-1-2 采用波形肋片的平行板肋凝结器结构
1—管式集箱；2—端盖；3—侧支板；4—插入波形肋片；5—波形肋片；6—隔板

如图 13-1-3 所示为一种具有 U 形通道的汽车空调蒸发器结构。这种蒸发器也是采用多种肋片来进行强化传热。其进口工质为制冷剂的气液混合物，经空气加热后全部蒸发形成气态制冷剂再流出。在制冷剂通道中布置有对角线肋片和中间分隔肋片，在空气通道中设置波形肋片，这样就构成了一个结构紧凑的蒸发器。

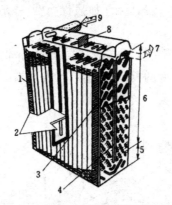

图 13-1-3 具有 U 形通道的蒸发器结构
1—波形肋片；2—空气；3—对角线肋片；4—中间分隔肋片；5—U 形弯头；6—直段；7—制冷剂蒸汽出口；8—隔板；9—制冷剂的气液混合物入口

随着冷却技术的进展，为了使冷却叶片效果更好、叶片壁温分布更均匀，一方面研究冷却空气的合理分配；另一方面设法在叶片局部地区加强冷却。如图 13-1-4 所示为叶片进气边采用撞击冷却、出气边采用局部气膜冷却的静叶结构。由图可见，在燃气轮机的空心静叶片中加装一个导流芯，导流芯上开有许多小孔。冷却空气自叶片顶部进入导流芯后，从导流芯小孔流出，撞击叶片进气边内壁进行冷却。由于气流撞击作用，使叶片温度最高处的换热系数显著增高，冷却效果增强。然后，，冷却空气沿图示箭头方向在叶片内壁和导流芯外壁之间的间隙通道中做横向流动,进行对流冷却换热。最后,冷却空气在叶片出气孔流出,在叶片出气边外壁上形成一层冷却气膜。

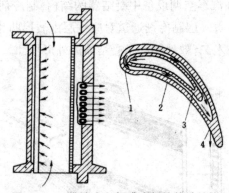

图 13-1-4 带撞击和气膜冷却的静叶结构

1—撞击冷却;2—对流冷却;3—导流芯;4—气膜冷却

第二节 高温燃气与涡轮叶片的换热

一、概述

现代燃气轮机设计的进口运行温度很高,远超出了当前材料的温度极限。除了提高材料的温度极限外,还必须采用复杂的冷却技术(如强化内冷、外部气膜冷却等),来保障零部件的寿命和高温下的正常运行。

在涡轮中,燃气通过涡轮叶栅的流动是极其复杂的,涡轮叶栅的几何形状也是十分复杂的。单个涡轮叶片剖面是一个弯曲的翼剖面,沿叶片高度有一定的扭转。图 13-2-1 为沿某一半径处的剖面图。

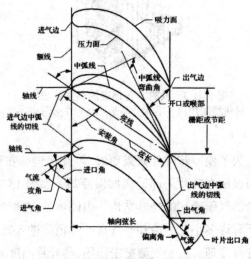

图 13-2-1 涡轮叶栅的剖面示意图

二、叶栅中静子叶片的换热特性

对于高温燃气通道中的涡轮静子叶片和转子叶片,只有确认下游转子的存在对上游第一级静子叶片的传热特性才不会有太大的影响,这样分别研究叶栅中静子叶片的换热和叶栅中转子叶片的换热才有实际意义。Dunn 等研究了转子对上游静子叶片斯坦顿数分布的影响。图 13-2-2 比较了 $T_w/T_g=0.53$(此处 T_w 是静子叶片表面温度,T_g 是进口自由流温度)时静子叶片上斯坦顿数随无量纲叶型弧长而变化的关系(此处 x 为从叶型驻点开始测量的沿流动方向的距离,C 为叶型弧长),图中实心圆点表示只有静子叶片的数据,空心圆点表示既有静子叶片又有转子叶片的全级数据。附加的实心方形表示的是 $\dfrac{T_w}{T_g}=0.21$ 且只有静子叶片的数据。可以看出,转加的实心方形表示的是子的存在对于静子叶片表面大部分区域的换热特性几乎不产生影响,仅在接近尾缘的很小区域的吸力面上使斯坦顿数增加 25% 左右。

在没有冷却空气注入燃气主流的情况下,影响静子叶片换热特性的主要因素有:叶型的形状、叶栅出口雷诺数和马赫数、边界层转捩特性、自由流湍流度、叶型表面曲率、叶型表面粗糙度、压力梯度、激波/边界层相互作用以及壁面-燃气温度比等。

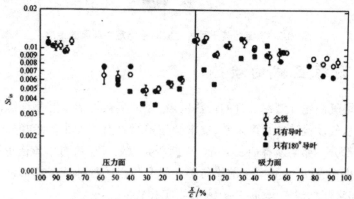

图 13-2-2 下游转子对上游静子叶片斯坦顿数分布的影响($T_w/T_g=0.53$)

三、叶栅中转子叶片的换热特性

燃烧室出口产生的自由流湍流度是影响静子叶片驻点区的层流换热、压力面的传热、边界层转捩以及湍流边界层传热的主要因素之一。当气流通过静子叶片通道时,由于流过静子叶片喉部时加速,使得自由流湍流强度减小。一般地,燃烧室产生的自由流湍流强度在第一级静子叶片前缘约为 15%~20%,在第一级转子叶片前缘处,湍流强度通常约为 5%~10%,因而对转子叶片传热的影响并不显著。影响转子叶片换热特性的主要因素是流动不稳定性。流动不稳定性是由于转子叶片对交替的静子叶片的相对运动产生的,图 13-2-3 是流经转子叶片叶栅的不稳定性尾流传播的概念图。阴影部分表示上游静子叶片引起的不稳定性区域。对于第一级转子叶片而言,Doorly 总结的不稳定性的主要原因有以下几点。

(1)尾流通过。由于静子叶片后缘处脱落的尾流,造成上游静子叶片叶栅通道出口气流在周向是不均匀的,下游转子叶片相对静子叶片运动时,不断切割这些尾流,即"开路"通过这些脱落的尾流,所以尾流使转子叶片叶栅的速度场和湍流场分布呈周期性变化。

(2)激波通过(仅对跨声速涡轮)。跨声速静子叶片的气流产生激波,激波冲击下游转子叶片,产生另一不稳定影响。

(3)势流相互作用。静子叶片叶栅和转子叶片列之间的相对运动引起势流场的周期性变化。增加转子叶片列和静子叶片列的间距可以降低这类效应。

(4)附加的高能量湍流。通过静子叶片通道后湍流度仍然与当地气流自由流湍流度相当。

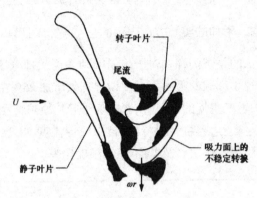

图 13-2-3　流经转子叶片叶栅的不稳定性尾流的传播

四、叶片前缘区域的换热

叶片前缘是燃气涡轮叶型最关键的传热区域,在大多数情形下叶型前缘的驻点区具有最高的热流密度。从气动设计的角度来看,要求叶型前缘具有适度小的半径以保证型线平滑过渡到叶型的其余部分。弗洛斯林(Frossling)早期研究以处于层流自由流横掠圆柱体或椭圆柱体作为驻点区的模型,迄今为止关于前缘传热的研究仍以圆柱体或椭圆形前缘的钝体作为模型,且通常定义弗洛斯林数 $Fr = Nu/Re^{1/2}$ 来关联实验数据。

影响叶型前缘换热特性的因素也较多,诸如自由流湍流度、非定常尾流、表面粗糙度以及几何形状等。

如图 13-2-4 所示四种前缘形状在低湍流度条件下的弗洛斯林数分布(图中 s 为离前缘驻点的表面距离,R 为前缘半径,PARC-2D 为计算结果),长轴和短轴的比值分别是 1 : 1,1.5 : 1,2.25 : 1 和 3 : 1。各种形状前缘的弗洛斯林数分布都是典型的,强椭圆形(3 : 1)前缘的对流换热系数分布曲线更为尖锐。另外需要注意的是,强椭圆形前缘的驻点区对流换热系数较低。

五、转子叶片叶尖的换热

转子叶片的叶尖传热问题也是影响燃气涡轮发动机使用寿命的重要问题之一。在燃气涡轮中,无叶冠的转子叶片在非常接近于静止的护环或涡轮外壳壁处旋转,叶尖间隙一般只为叶高的 1.5%,这一间隙是为适应叶片的离心伸展以及叶片和机匣之间不同的热膨胀而设置的,这样在压力面和吸力面之间压差的驱动下形成通过这一间隙的漏流,即所谓叶尖漏流。叶尖漏流不仅会使叶片气动性能降低,而且还会增加叶尖的对流换热热流密度。

叶尖漏流的流动机理十分复杂。通常,燃气涡轮转子叶片的叶尖沿弦向做成凹槽状(图13-2-5),这种槽道起着迷宫式密封的作用,增加流动阻力以减少漏流并降低对流换热。已有的研究表明,叶尖间隙 C、空腔的深度-宽度比 D/W、流动雷诺数 $Re = UC/v$ 等因素均对叶片顶部区域的流动换热产生很大的影响。

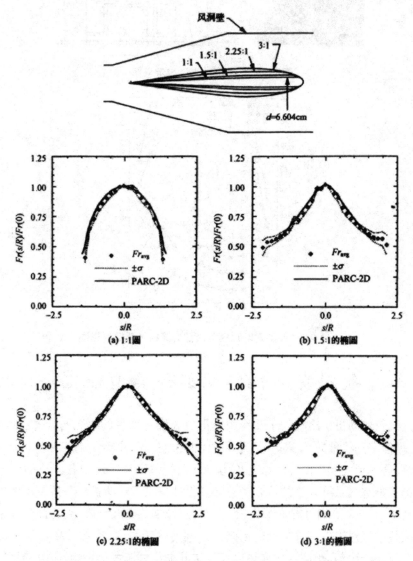

图 13-2-4 四种形状前缘的低湍流度下弗洛斯林数的分布

图 13-2-6 为针对图 13-2-5 槽状叶尖模型所进行实验的结果,泄漏气流的方向与护板移动的方向相反。作为比较,图中标出了平顶叶片的实验结果(空心符号)。与平顶叶尖相比,空腔上游端的传热显著降低;但在空腔下游,由于内侧流动的再附着,带槽叶尖的换热水平要高些,特别是在下游边缘,由于从空腔进入小间距间隙的加速流动,带槽叶尖的对流换热大大高于平顶叶尖。研究还表明,减小间隙的间距可以大大降低传到叶尖的热流密度;增加空腔深度

也有助于降低顶部的热负荷。

影响燃气涡轮发动机使用寿命的还有叶片端壁的换热问题。叶片端壁区存在较大范围的三维二次流,是一个十分复杂的区域。针对叶片端壁的换热问题,很多专家建立了相关的叶片端壁二次流模型。如 Langston 模型、Sharma 和 Butler 模型、Goldstein 和 Spores 模型。

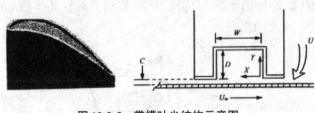

图 13-2-5　带槽叶尖结构示意图

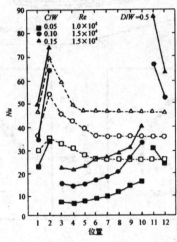

图 13-2-6　间隙对叶片模型顶部对流换热系数的影响

第三节　航空发动机热端部件典型强化冷却方式

航空燃气涡轮发动机中冷气的主要作用是担负高温零部件的隔热与冷却,同时还担负密封、防冰以及平衡发动机轴向力、调节间隙等方面的作用。因此冷气流与主燃气流形成相对独立的两个系统,通常把发动机的冷气系统称为空气系统。空气系统中各流路的压力损失与冷气流量分配将成为空气系统计算的核心。它必须保证提供各热防护环节所要求的冷气压力与流量。在发动机中,热端部件主要依靠与冷气流的对流换热来实现降温,为此必须采取各种强化换热或阻隔热燃气对热端部件加热的措施以达到冷气用量少、冷却效果佳的目的。强化换热的方式主要有冲击冷却、扰流强化换热以及设法降低冷气温度等措施;阻隔热燃气对发动机部件加热的方式主要有气膜冷却、发散冷却、隔热涂层以及辐射隔热屏等措施。

一、扰流柱/肋化通道对换热的增强

1.肋化通道

已有的研究表明,影响肋化通道流动换热效果的因素主要有(图 13-3-1):肋高与通道当量

直径之比 e/D_h、肋间距与肋高之比 p/e、肋向角 α、肋排的排布方式、通道的宽高 W/H 等。

在连续肋肋化通道的研究中,肋向角被定义为连续肋与主流流向之间的夹角。对于肋向角的影响,Han 等研究了与主流方向呈 90°、75°、45° 及 20° 的矩形肋化通道的流动换热状况,结果表明:随着肋向角变小,阻力系数和斯坦顿数都有降低的趋势,综合比较,在肋向角为 45° 左右,通道具有最佳的流动换热效果,当这个角度继续减小,流动换热特性将逐渐接近光滑管壁。对这种现象,Han 的解释为:当肋向角 α 由 90° 过渡为 45° 时,产生了二次流动,它在一定程度上补偿了因肋向角变化而引起的主流湍动性能的降低,因而换热效果降低并不明显;当肋向角继续减小,二次流动带来换热增强趋势不能抵消主流湍动性能的降低,因此换热效果逐渐变差。

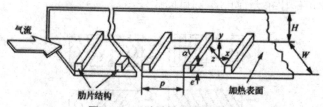

图 13-3-1　肋壁结构参数定义

对于肋化通道,由于周期性布置的肋引起的分离、再附着和环流使得流动甚为复杂,在这种复杂流动条件下的换热过程就更为复杂了,因而迄今还没有用来预测肋化通道表面的摩擦系数和对流换热系数的解析方法,主要依靠在宽广的肋几何参数范围内,依据相似理论得出相关的经验关联式。

Han 等研究了不同肋结构的强化传热性能,并以传热粗糙度函数 $G(e^+,Pr)$ 随粗糙雷诺数而变化的函数关系来表征肋化通道的传热性能。

粗糙雷诺数 e^+、粗糙度函数 $R(e^+)$ 和传热粗糙度函数 $G(e^+,Pr)$ 分别定义为

$$e^+ = \frac{e}{D_h}\mathrm{Re}\left(\frac{C_f}{2}\right)^{\frac{1}{2}} \tag{13-3-1}$$

$$R(e^+) = \left(\frac{2}{C_f}\right)^{\frac{1}{2}} + 2.5\ln\left(\frac{2e}{D_h}\frac{2W}{W+H}\right) + 2.5 \tag{13-3-2}$$

$$G(e^+,Pr) = R(e^+) + \frac{C_f/(2S_t)-1}{(C_f/2)^{1/2}} \tag{13-3-3}$$

对于大宽高比的矩形肋化通道,粗糙度函数 $R(e^+)$ 的关联式为

$$\frac{R}{(p/e/10)^{0.35}(W/H)^m} = 12.3 - 27.07(\alpha/90) + 17.86(\alpha/90)^2 \tag{13-3-4}$$

式中,$\alpha=90°$ 时,$m=0$;$\alpha<90°$ 时,$m=0.35$。另一个限制条件是,若 $W/H>2$,则 W/H 的值设定为 2。这一关联式适用的参数范围是:$p/e=10\sim20$,$e/D_h=0.047\sim0.078$,$\alpha=90°\sim30°$,$W/H=1\sim4$,$\mathrm{Re}=10000\sim60000$。

传热粗糙度函数 $G(e^+,Pr)$ 的关联式为:

$$G = 2.24\left(\frac{W}{H}\right)^{0.1}\left(\frac{\alpha}{90}\right)^m\left(\frac{p}{e}{10}\right)(e^+)^{0.28} \tag{13-3-5}$$

式中,对正方形截面通道,$m=0.35$,$n=0.1$;对于矩形通道,$m=n=0$。因此,在矩形通道内,肋向角 α 和肋间距 p/e 对于传热粗糙度函数的影响不显著。

肋在通道表面的排布方式也是影响流动换热的一个重要因素,图 13-3-2 中列出了六种矩形截面肋的排布方式。Rajendra 通过实验研究得出以下结论(图 13-3-3):在肋的相对高度 $e/D_h=0.05$,节距-高度比 $p/e=10$ 的情况下,横断型、倾斜型、V-up 连续型、V-down 连续型、V-up 离散型、V-down 离散型肋化通道中得到的斯坦顿数与相同工况下光滑通道斯坦顿数之比分别为 $1.65\sim1.90$、$1.87\sim2.12$、$2.02\sim2.37$、$2.10\sim2.47$、$1.93\sim2.34$、$2.02\sim2.42$,综合比较可知 V-down 肋型强化换热效果最佳。肋阻塞比对带肋通道强化换热性能的影响已有不少研究,大多数实验采用 10% 的阻塞比,而肋间距与肋高之比则为 10。然而,在小型燃气涡轮发动机中,肋高可能要高得多,阻塞比可能比较大,而 p/e 则可能比较小。

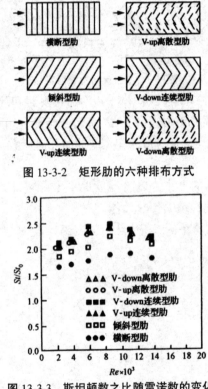

图 13-3-2　矩形肋的六种排布方式

图 13-3-3　斯坦顿数之比随雷诺数的变化

图 13-3-4(a)为肋间距对 45° 和 90° 布置的高阻塞比肋结构通道平均对流换热系数的影响,在 45° 取向的情况下,5 倍肋高的较小肋间距具有最高的换热系数分布;图 13-3-4(b)给出肋向角和肋间距对通道平均摩擦系数的影响,对于 45° 斜角肋,肋间距小,摩擦系数增大,且随雷诺数的变化不太大。

2.扰流柱通道

在涡轮叶片尾缘,常采用多排扰流柱冷却结构。由于扰流柱的高度与直径之比一般较小,因此与外掠管束的换热相比,仍有很大差异。大量的研究表明,采用扰流柱可以使总的传热强化 3~5 倍,与此同时,流动阻力也增加若干倍。强化传热的效果与流动阻力的增加与扰流柱的结构参数以及流动参数等因素密切相关。

　　图 13-3-5 为圆柱扰流柱顺排和叉排时,扰流柱表面和端壁表面的换热系数。图中所示的结果是以强化系数来表征的,给出的结果是排平均值。所谓强化系数即是相对于相应的充分发展平滑通道的对流换热系数的比值。除了前两排之外,两种扰流柱阵列的扰流柱表面的对流换热系数全部高于端壁的换热系数,扰流柱表面和端壁换热系数之间的差异随雷诺数的降低而加大。就所研究的情况而言,扰流柱表面的换热系数要高 10%~20%。

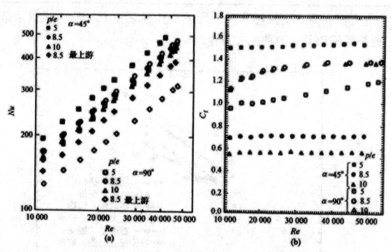

图 13-3-4　肋角度和肋间距对流动换热的影响

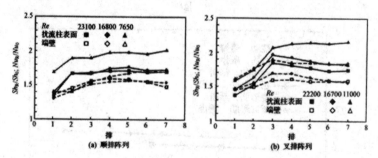

图 13-3-5　扰流柱及端壁表面的换热系数

　　对于扰流柱阵列的流动阻力,若定义

$$\Delta p = f \frac{2n}{\rho} \left(\frac{m_c}{A_{\min}} \right)^2 \tag{13-3-6}$$

式中,n 为扰流柱的排数;m_c 为质量流量;$A_{\min}$ 为扰流柱阵列的最小流通面积。

　　压力损失系数的关联式如下

$$f = \left[0.25 - \frac{0.1175}{(S_y/d-1)^{1.08}} \right] Re_d^{-0.16} \tag{13-3-7}$$

式中,S_y 为扰流柱阵列横向肋间距比;雷诺数 Re_d 以扰流柱直径为特征长度,以通过扰流柱阵列最大流速为特征速度。

　　对流换热的准则关联式为

$$Nu = a Re_d^b (S_y/W)^c (S_x/L)^d \tag{13-3-8}$$

式中,S_y,为扰流柱阵列横向肋间距比;S_x 为扰流柱阵列流向肋间距比。

关联系数见表13-3-1。

表 13-3-1　式(13-3-8)中的关联系数

扰流柱排列方式	a	b	c	d
顺排	0.45	0.71	0.4	0.51
叉排	0.3	0.98	0.35	0.24

图 13-3-6 为立方形和菱形扰流柱阵列平均的对流换热系数和压力损失系数随雷诺数的变化,扰流柱阵列按顺排和叉排两种方式布置。

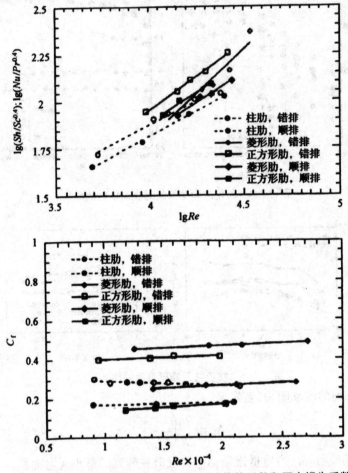

图 13-3-6　不同形状扰流柱阵列平均对流换热系数和压力损失系数

实验结果的总的趋势是,扰流柱形状的变化并没有导致传热强化的趋势发生变化,对流换热系数一开始随排数的增加而增加,之后就降到其充分发展值。一般来说,立方形扰流柱接近进口的对流换热系数要高于菱形扰流柱的值。可以看出,在所研究的几种扰流柱形状中,立方形扰流柱具有最高的对流换热系数,而圆形扰流柱则具有最低的对流换热系数,但立方形和菱形扰流柱的压力损失系数也要比圆形扰流柱的相应值高。

表 13-3-2　式（13-3-14）中的关联系数

射流孔排列方式	C	n_x	n_y	n_z	n
顺排	0.596	−0.103	−0.38	0.803	0.561
叉排	1.07	−0.198	−0.406	0.788	0.660

二、气膜冷却

1. 气膜冷却原理

气膜冷却通过缝隙或孔引入一股较冷的二次流体，借以对紧接喷吹处的下游表面进行保护（图 13-3-7）。二次气流可为与主流相同的流体，也可为异种流体。气膜冷却是 70 年代开始在航空燃气轮机上使用的一种新颖冷却方法，现已成为现代燃气轮机高温部件的主要冷却措施之一。

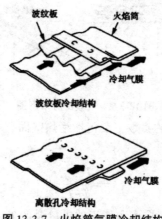

图 13-3-7　火焰筒气膜冷却结构

由于气膜喷吹进入主流后，与主流之间发生卷吸和掺混，因此主流和气膜出流之间的相干性异常复杂。已有研究表明，主流和气膜出流的相互作用诱发多种涡结构，取决于气膜出流和主流的流动参数：速度比（u_c/u_∞），吹风比（$\rho_c u_c$）/（$\rho_\infty u_\infty$），动量比（$\rho_c u_c^2$）/（$\rho_\infty u_\infty^2$）。一般地，即使在较小的吹风比下，由于其内在的运动特征，流动也呈湍流。在这种湍流流动中，四种较大尺度的涡结构如图 13-3-8 所示。

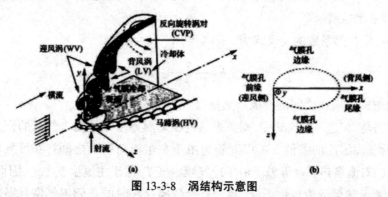

图 13-3-8　涡结构示意图

（1）反向旋转的涡对，它是最大尺度的涡结构，其主要涡量源于气膜孔两侧边缘，气膜孔两侧边缘卷起的旋涡在气膜出流和主流之间剪切的作用下,向下游发展。

　　(2)马蹄涡,它是尺度最小的涡结构,对于气膜冷却几乎不产生影响,马蹄涡的形成类似于流体绕流钝头物体,源于气膜出流边界层中存在的压力差。

　　(3)迎风涡和背风涡,围绕着喷吹进稳定主流的气膜出流,出现旋进的分离涡结构。

　　图 13-3-9 反映了气膜出流的流动结构示意。在低吹风比条件下(如图 13-3-9(a)所示),气膜出流贴壁流动,因而可以在邻近喷注处下游出现具有高气膜冷却效率区域的局部强冷却区;在较高吹风比条件下(如图 13-3-9(b)所示),气膜孔边缘开始出现气膜出流的分离和再附着,其原因是由于气膜出流的法向动量增强驱动其向主流穿透而离开壁面,并且在主流的作用下再附着壁面,因而气膜出流的局部强冷却区将向下游延伸,峰值冷却效率降低。可见冷却气膜保护的气膜孔下游区域与气膜出流向主流的穿透能力密切相关。

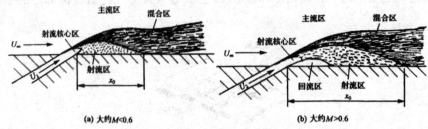

图 13-3-9　气膜出流示意图

　　反映气膜冷却表面冷却效果的参数主要包括绝热壁面有效温比 η 和换热系数 h 等。绝热壁面有效温比定义为

$$\eta = \frac{T - T_{aw}}{T - T_c} \tag{13-3-9}$$

式中,T 为主气流的恢复温度,一般取为主气流的进口温度 T_∞;T_{aw} 是有气膜冷却的情况下沿气膜下游某处绝热壁面上的恢复温度,它既不等于主流的恢复温度,也不等于冷气流的恢复温度,而是等于热侧壁面附近冷、热流体按某种比例掺混的混合气体的恢复温度,也就是壁面冷侧在绝热条件下的壁面温度,称为绝热壁温;T_c 为冷却气膜出口的温度。

　　若 $T_{aw} = T_c$,表示壁面温度与冷气温度相等,此时 $\eta = 1$,气膜冷却效果最好;若壁温与主气流温度相等,此时 $\eta = 0$,气膜冷却效果最差。一般地,$0 < \eta < 1$,η 越大代表壁温越接近冷气流的温度,气膜冷却效率也就越高。

　　气膜冷却对流换热系数的定义式为

$$h = \frac{q}{T_{aw} - T_w} \tag{13-3-10}$$

式中,q 为混合气流与壁面之间的对流换热量;T_w 为壁温的实际温度。

　　值得注意的是,在这一定义式中,对流换热的驱动温差采用了混合气流的恢复温度(或绝热壁温)与实际壁面温度的差值。可以理解为由于在主流与壁面之间存在冷气膜,降低了主流与壁面之间的对流换热驱动温差。由于冷气膜温度 T_c 低于主流温度 T_∞,因而两者共同作用(掺混)的结果使热侧气流温度下降,降为有冷气膜存在时的热侧混气恢复温度(即绝热壁温)T_{aw}。

要计算有气膜冷却时主流与壁面之间的对流换热热流量,必须确定绝热壁面有效温比和气膜冷却对流换热系数的准则关联式。

2.单排孔气膜冷却

图13-3-10为单排气膜孔喷射角度为35°时,不同吹风比下的气膜冷却绝热温比变化曲线,图中z/d为相邻气膜孔列之间的距离与气膜孔径之比。

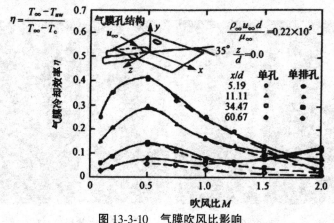

图13-3-10　气膜吹风比影响

图13-3-11为两种气膜喷射角度下,气膜孔下游的气膜冷却效率对比结果。研究表明,气膜对角度为35°时,气膜冷却效果较55°时要好,且在高的吹风比下,差异更为显著。在同一气膜喷射角度下,存在一个最佳的吹风比。

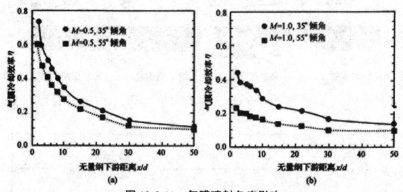

图13-3-11　气膜喷射角度影响

图13-3-12为一气膜孔倾角30°、孔间距比$z/d=3$时单排气膜孔表面的绝热温比分布。在低吹风比条件下($M=0.5$),气膜出流在邻近喷注处下游出现比较短的、具有高气膜冷却效率区域的强冷却区,随着吹风比的提高($M=1.0$),强冷却区向下游延伸,冷却效率峰值虽有较大幅度下降,但总体冷却效率却接近最大;继续增加吹风比,这时气膜孔边缘开始出现气膜出流的分离,其原因是由于气膜出流的法向动量增强驱动气膜出流离开壁面,气膜冷却效率明显降低。

影响气膜冷却效果的因素众多,其中气膜孔形状对气膜冷却效率的影响尤为显著,因此长期以来针对气膜孔结构的优化一直是重要的研究内容。如近年来国内外学者针对具有扩展出口型面的扇形气膜孔结构开展了大量的研究工作,国外研究人员对如图13-3-13所示的四种气膜孔形状，在吹风比为 1.1 时进行的对比实验表明（如图 13-3-14 所示），收敛缝形（Convergingslot-Hole，缩写为 Console）和扇形气膜孔在出口下游与狭缝气膜的冷却效率非常接近，明显高于常规的圆柱形孔，可以使得射流更好地贴附壁面而有效地改善气膜冷却的效率。

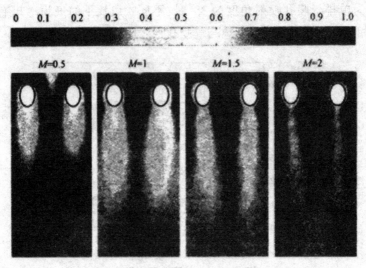

图 13-3-12　典型条件下局部绝热温度分布

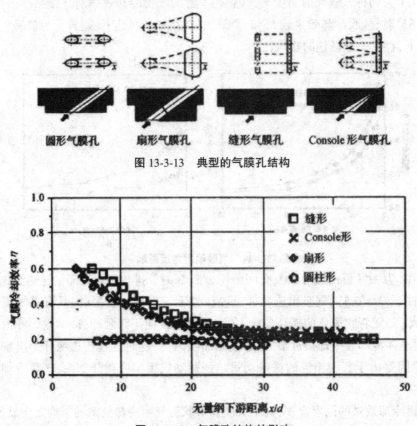

图 13-3-13　典型的气膜孔结构

图 13-3-14　气膜孔结构的影响

值得关注的是，收敛缝形孔侧壁的扩展诱导气膜孔内强烈的三维流动，使得气膜射流向两侧的流动能力增强,此时气膜射流和主流剪切形成的抬升涡从两侧卷起,与常规气膜孔的卵形涡对旋转方向相反,有效阻止了高温主流的侵入,如图 13-3-15 所示。

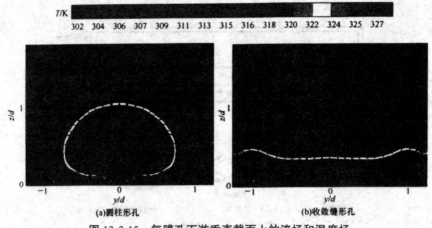

(a)圆柱形孔　　　　　　　　　　(b)收敛缝形孔

图 13-3-15　气膜孔下游垂直截面上的流场和温度场

3.带突片气膜孔

为了提高气膜冷却的效率,除了改善气膜孔的形状之外,还可以采取一些辅助的主动控制措施。近几年国内外一些研究人员利用突片有利于降低射流在横流中穿透率的机理,提出在气膜孔出流一侧设置突片的新型气膜冷却结构,实验结果如图 13-3-16 所示。图中 Casel 为常规气膜孔的实验状态。

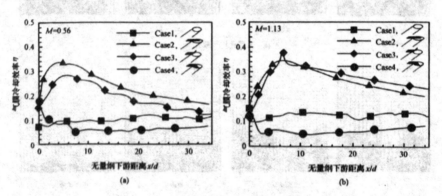

图 13-3-16　突片作用下气膜平均冷却效率

为了揭示突片对改善气膜冷却效率的机理,运用 Fluent 计算软件对其流动特性和冷却效率进行了三维数值研究。计算模型如图 13-3-17 所示。矩形通道长度为 650mm,高度为 90mm;二次流进口通道是倾斜 35° 的圆形孔,直径为 12mm,高度为 22mm,气膜孔出口中心距主流进口截面 305mm,气膜孔间距为 3 倍孔直径。突片设置在气膜孔出流一侧,厚度取为 1mm,形状为等腰三角形,边长取为 9mm。

图 13-3-18 是在吹风比为 1.5 时,有突片和无突片的模型在位于气膜孔下游 $x/d=1\sim6$ 之间的垂直于主流截面上的局部流场分布图。可以看到在绝热壁面上部形成两个反向的涡对,这是气膜出流的固有特征[图 13-3-18(a)]。在常规气膜孔上加装突片后,反向涡对的强度得到一定程度的抑制,即气膜出流向主流的垂直穿透能力得到一定程度的降低[图 13-3-18

(b)]，这对于气膜的冷却效果起到一定程度的改善。相比较而言，随着突片尺寸的增加，反向涡对受到抑制的能力越强，对于改善气膜的冷却效率也就更为明显。

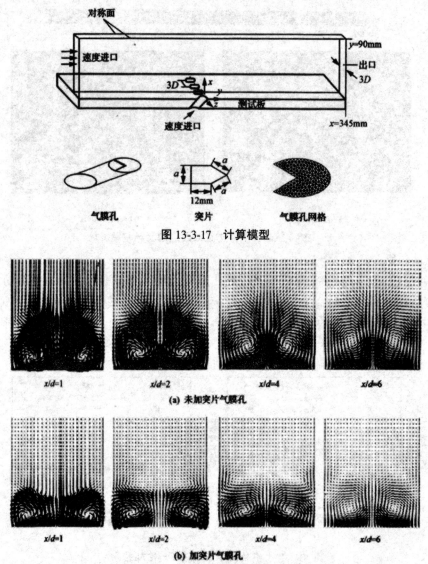

图 13-3-17　计算模型

图 13-3-18　垂直于主流截面上的局部流场

强化气膜冷却效果的物理机制在于：降低气膜射流向主流的穿透率；增加气膜射流在下游区域的覆盖面积。气膜射流和主流之间的相互扰动直接影响近壁的流场结构，气膜射流喷吹进入主流后与主流发生卷吸和掺混，其相互作用会诱发多种不同尺度的涡结构（图 13-3-19）。在这种湍流流动中，反向旋转的卵形涡对是尺度最大的涡结构，对气膜冷却效果的影响占主导地位。气膜孔两侧边缘卷起抬升的旋涡在气膜射流和主流之间剪切的作用下向下游发展，使得高温主流侵入气膜射流下方［图 13-3-19(a)］。因此，为改善气膜射流的冷却效果，国内外研究人员针对气膜射流的卵形涡对的抑制开展了大量的研究工作，通过诱导逆-卵形涡对控制气膜射流与近壁主流的相互作用［图 13-3-19(b)］，降低气膜射流向主流的法向穿透动量，同时增强气膜射流的贴壁流动动量,从而实现气膜冷却效果的改善。其中,最引人瞩目的研究进展在于形状气膜孔概念的提出和应用,以及利用流体动力激励的流动控制方法。

必须指出的是,气膜冷却最大的特点在于其开放性,即冷却射流并不是在一个封闭的冷却回路中流动,而是通过气膜孔喷注进入主流后对热侧壁面进行冷却和防护。因此气膜冷却的物理机制往往和主流流动特征形成紧密耦合的关联:一方面,气膜射流作为高能流体补充到主流边界层中,势必会影响近壁流场的结构;另一方面,近壁主流流动的行为也在很大程度上主导了气膜射流的发展。因此,气膜射流与主流的相互作用衍生出的流动换热复杂物理现象始终是研究人员不断探索和创新的研究课题,尤其是在跨音叶栅通道内,叶片吸力面、压力面、端壁和叶尖等不同部位的气膜射流受到主流通道涡、激波、转子静叶排干涉尾迹以及泄漏涡等的影响异常复杂,蕴育着固有的、甚至是独特的相互作用和耦合传热物理机制。

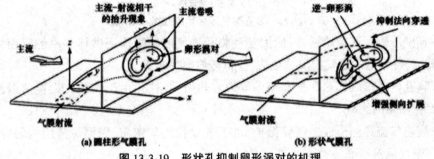

图 13-3-19　形状孔抑制卵形涡对的机理

4.多股气膜孔

在高性能航空发动机上,采用多斜孔全覆盖气膜冷却正得到越来越广泛的应用,甚至采用致密性的多孔发散冷却方式(图 13-3-20)。多股气膜冷却可以有效地保护被冷却壁面(图 13-3-21),影响因素也更为复杂,除了单股气膜的影响因素之外,还包括气膜孔排布方式等影响因素。

对多孔壁全覆盖气膜冷进行的研究揭示了多孔壁全覆盖气膜强化冷却的机制。

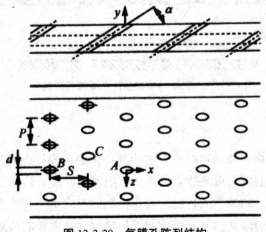

图 13-3-20　气膜孔阵列结构

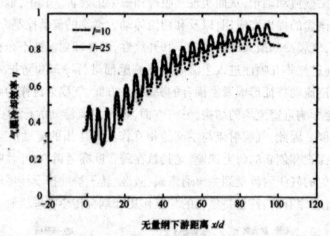

图 13-3-21　多孔壁气膜平均冷却效率分布

（1）多孔壁冷侧对流换热增强，原因是气膜孔进气的抽吸作用破坏了冷侧壁面的冷却气流流动附面层，特别是形成气膜溢流效应，使得冷侧换热增强。

（2）气膜孔内进口区换热和多孔壁内等效导热增强，这是由于气膜孔内换热以及多孔壁内部冷却面积增加的缘故。

（3）在高温气流热侧形成全气膜保护，由于气膜孔均匀密布，因而冷气层均匀铺开，可以有效降低高温气流对壁面的对流换热。

为了改善多孔全覆盖气膜冷却结构在前端冷却效率低的问题，可以在冷却结构前端附加一股狭缝气膜，从而使狭缝气膜和多孔全覆盖气膜冷却形成有机结合，如图 13-3-22 所示。

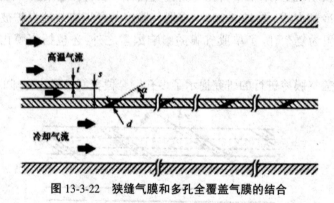

图 13-3-22　狭缝气膜和多孔全覆盖气膜的结合

三、复合冷却

在航空发动机中，燃烧室和涡轮叶片等热端部件主要依靠冷气流的对流换热和隔热防护来实现壁温的降低，为此必须采取各种强化换热或阻隔热燃气对热端部件加热的措施，以达到减少冷气用量、提高综合冷却效率的目的。强化换热的方式主要有冲击冷却、扰流强化换热以及设法降低冷气温度等；阻隔热燃气对热端部件加热的方式主要有气膜冷却（含发散冷却）以及热障涂层等。如果将冲击、对流与气膜冷却组合起来，就构成了复合气膜冷却，主要包括对流+气膜、冲击+气膜、对流+冲击+气膜、冲击+发散复合冷却等。图 13-3-23 为两种典型的燃烧室火焰筒复合冷却结构示意图。

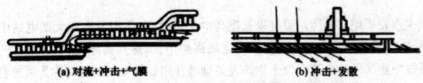

(a) 对流+冲击+气膜　　　　　　**(b) 冲击+发散**

图 13-3-23　两种典型的燃烧室火焰筒复合冷却结构示意图

　　20 世纪 80 年代中期以来,冲击+发散气膜复合冷却方式引起了人们的高度重视。它是一种双层壁冷却结构,发散孔壁为内层壁,其背后为一个带有大量冲击孔的外层壁,从外层壁小孔进入的冷却空气冲击到内层壁上,接着进入多孔壁内。冷却空气经过冲击和小孔内强制对流换热后,再沿多孔壁外侧形成基本连续均匀的保护气膜。

　　层板冷却结构是一种典型的高效复合冷却结构,它是强对流、多孔发散冷却的组合方式。其中具有代表性的层板冷却结构是罗伊斯·罗尔斯公司研制的 Transply 型层板[图 13-3-24(a)]和通用电气公司研制的 Lamilloy 型层板[图 13-3-24(b)]。它们均是采用钎焊将多层带孔或槽(或凸台)的耐热合金片叠合而成。冷却时,空气从上层板中的小孔流入,然后在下层板上的槽道或凸台之间流动,再从该层板上的小孔流至下一层,至最下层的有规律排布的小孔流出,形成冷却气膜。由于各层板的换热面积密度远大于常规冷却结构,因此其对流换热效果率非常高;同时最下层板上密布的小孔接近于多孔发散壁,可以形成发散冷却。

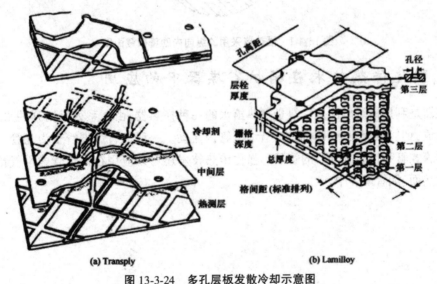

(a) Transply　　　　　　**(b) Lamilloy**

图 13-3-24　多孔层板发散冷却示意图

第四节　强化传热技术在锅炉设备中的应用

　　在电站锅炉设备和工业锅炉设备的不少部件中均采用强化传热技术,以缩小锅炉体积减轻重量,节省钢材和提高运行可靠性。

一、强化传热技术在大型电站锅炉再热器中的应用

为了减少汽轮机尾部的蒸汽湿度以及提高电站热效率,在高温高压大型电站中普遍采用中间再热系统,即将汽轮机高压缸的排汽再送回锅炉中;加热到高温,然后再送入汽轮机的中压缸和低压缸中膨胀做功。这个位于锅炉设备烟道并用烟气加热的部件称为再热器。再热器的结构与过热器相似,也是由大量平行连接的蛇形管组成。由于再热蒸汽压力低、密度小,其管内蒸汽侧换热系数比过热器工况小得多。由于再热器对管壁冷却能力差,其管壁温度超过管中蒸汽温度的程度比过热器工况大,较易发生管壁温度超过金属允许工作温度的不安全工况。为了提高再热器管子的工作可靠性,再热器管子除布置在烟温稍低的区域,还采用纵向内肋管,如图 13-4-1 所示。由于管子内壁表面积增加,可使蒸汽侧热阻减小,这样在其他相同条件时可以比采用光管降低壁温约 20℃ ~ 30℃。

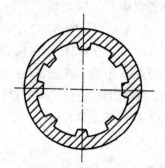

图 13-4-1　再热器采用的纵向内肋管横截面图

二、强化传热技术在锅炉省煤器中的应用

省煤器是利用锅炉尾部烟气热量加热给水的一种换热器,由一系列呈错列的水平布置蛇形管束组成,烟气在管束外横向流过,给水在管内流动。一般的省煤器管子为光管,为强化传热可采用膜式管和带螺旋外肋的管子。强化传热技术还可以应用在锅炉管式空气预热器、锅炉炉膛受热面、烟管锅炉中。

参考文献

[1]王中铮.热能与动力机械基础[M].3版.北京:机械工业出版社,2016.

[2]童钧耕,王平阳,叶强.热工基础[M].3版.上海:上海交通大学出版社,2016.

[3]王计敏.热工计算理论与实务[M].合肥:中国科学技术大学出版社,2018.

[4]魏龙.热工与流体力学基础[M].2版.北京:化学工业出版社,2017.

[5]俞小莉,严兆大.热能与动力工程测试技术[M].3版.北京:机械工业出版社,2017.

[6]秦臻.传热学理论及应用研究[M].北京:中国水利水电出版社,2015.

[7]傅秦生.工程热力学[M].北京:机械工业出版社,2012.

[8]王洪欣,张冠中.机械原理[M].徐州:中国矿业大学出版社,2011.

[9]陈培红.热工基础[M].哈尔滨:哈尔滨工程大学出版社,2011.

[10]刘春泽.热工学基础[M].2版.北京:机械工业出版社,2010.

[11]李友荣,吴双应.传热学[M].北京:科学出版社,2012.

[12]吕太.热能与动力工程概论[M].北京:机械工业出版社,2012.

[13]王承阳.热能与动力工程基础[M].北京:冶金工业出版社,2010.

[14]吴江全,钱娟,曹庆喜.锅炉热工测试技术[M].哈尔滨:哈尔滨工业大学出版社,2016.

[15]毕明树.工程热力学[M].北京:化学工业出版社,2001.